AKADEMIE DER WISSENSCHAFTEN DER DDR

ATLAS
DER VERBREITUNG
PALAEARKTISCHER VÖGEL

Begründet von
E. STRESEMANN †, Berlin, und L. A. PORTENKO †, Leningrad

6. LIEFERUNG

Herausgegeben von
H. DATHE, Berlin

Bearbeitet von

L. A. PORTENKO †, J. STÜBS, E. v. VIETINGHOFF-SCHEEL, K. WUNDERLICH

Mit 8 zweifarbigen Verbreitungskarten

AKADEMIE-VERLAG · BERLIN

1977

Aus der Forschungsstelle für Wirbeltierforschung (im Tierpark Berlin)
der Akademie der Wissenschaften der DDR

Erschienen im Akademie-Verlag, 108 Berlin, Leipziger Straße 3–4

Lizenznummer: 202 · 100/521/77
P 91/76
Gesamtherstellung: VEB Druckerei „Thomas Müntzer", 582 Bad Langensalza
Bestellnummer: 762 205 0 (3034/6) · LSV 1375
Printed in GDR
DDR 30,– M

INHALT DER 6. LIEFERUNG

VORWORT ZUR 6. LIEFERUNG

Wie auch für die vorigen Lieferungen erhielten wir wertvolle Auskünfte und Ergänzungen zu unseren Karten von berufener Seite. Wir möchten folgenden Kollegen den besten Dank dafür sagen: Frau Dr. M. Paspaleva-Talpeanu (Bukarest) und den Herren Dr. P. Blaszyk (Oldenburg), Dr. G. Diesselhorst (München), Dr. J. Martens (Mainz), Prof. Dr. H. Mendelssohn (Tel Aviv), H. Mildenberger (Brünen), Dr. R. Piechocki (Halle), Dr. F. Spitz (Jouy-en-Jossa), Dr. Ch. Vaurie † (New York), Dr. H. Weigold † (Bruckberg/Obb.), Prof. Dr. M. A. Woinstwenskij (Kiew).

Sämtliche Verbreitungskarten und die Skizze im Text zu *Prunella strophiata* wurden von Frau Ingeborg Wilczok (Berlin) angefertigt, wofür wir ihr besonders danken.

Einen freundlichen Hinweis Steinbachers (Frankfurt a. M.), briefl. 1977, aufgreifend, sei P. 12 in der Fundortliste zu *Falco eleonorae* (in Lfg. 5) wie folgt ergänzt:

12. Vacca A Bezzel 1957, Steinbacher 1971 u. 1972
— Toro Ba Bezzel 1957, Steinbacher 1971 u. 1972
— San Pietro BN Demartis 1973

Demzufolge neu in der Literaturliste:

Demartis 1973 Alauda 41, 385—402.
Steinbacher 1972 Nat. u. Mus. 102, 321—330.

Erika v. Vietinghoff-Scheel Klaus Wunderlich

Berlin, im Dezember 1975

Certhia familiaris L.

bearbeitet von

L. A. PORTENKO und J. STÜBS

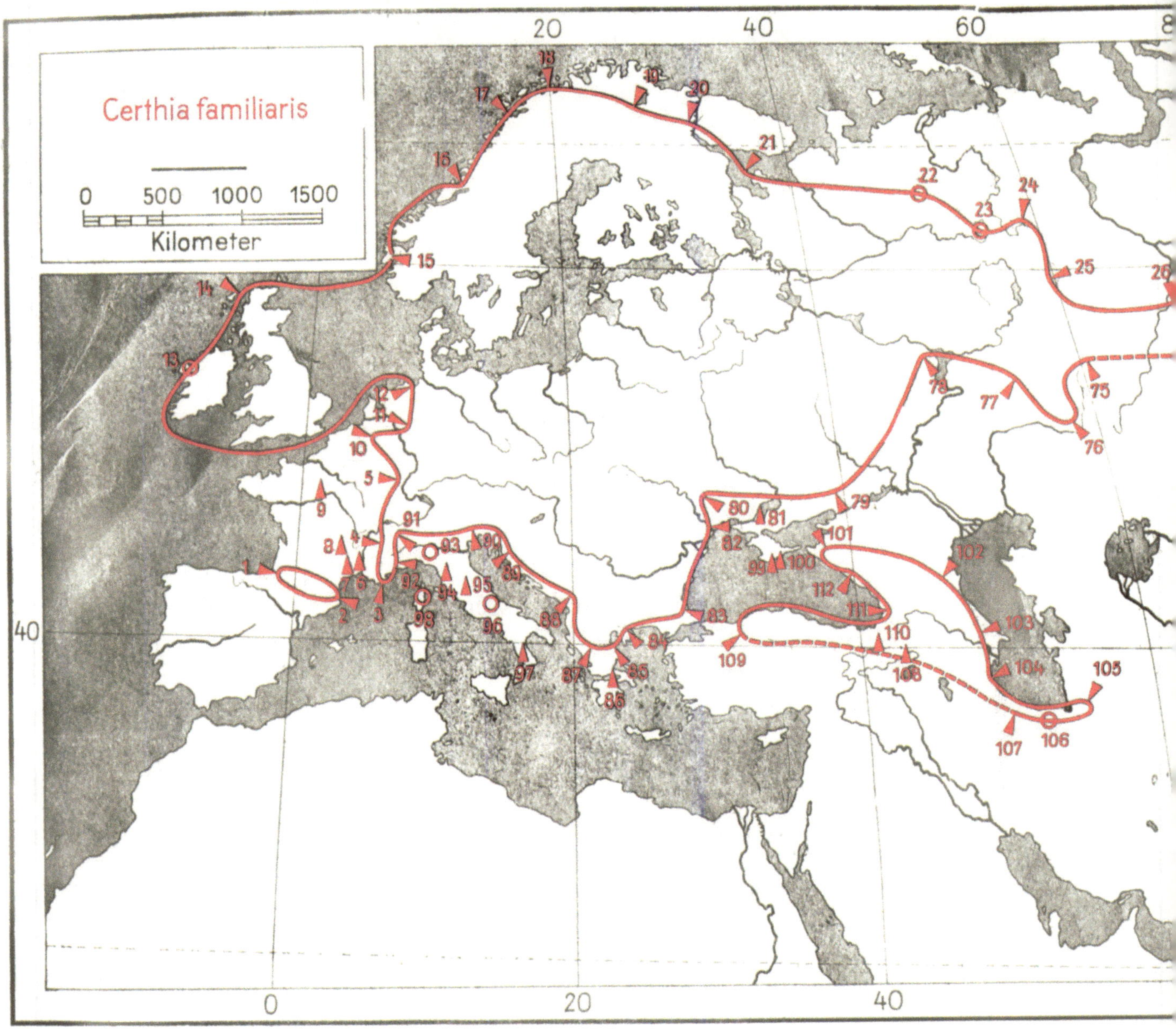

FUNDORTLISTE

1. Forêt d'Iraty (20 km SE St. Jean-Pied-de Port)	A	Terrasse u. Spitz 1956
2. Massif des Albères	A	Mayaud 1954
3. Iles d'Hyères	A	Spitz brfl. 1966
— Maures	A	Spitz brfl. 1966
4. Grande Chartreuse	Bc	Corti 1961
o Remoray (Pontarlier)	Js	Géroudet u. Barruel 1956
5. St. Die	Jc	Laurant u. Mouillard 1939, Erard 1961
— Badonviller	Jc	Stresemann 1918
6. Ardèche		anon. 1963
7. Mende	A	Ash u. Clafton 1961
8. Puy de Sancy	A	Jouard 1935
— St. Sauves	A	Gouriou 1963
9. Chartres ↓	A	Campbell 1962
10. Braine-l'Alleud	Ns	Desiron 1958
o Großkönigsdorf	B	Mildenberger brfl. 1966

11. Hösel	B	Mildenberger brfl. 1966
12. Neuenburg	Bc	Blaszyk brfl. 1966
13. Irland	Bc	Kennedy et al. 1954
14. Stornoway	Bs	Parslow 1967
15. Bergen	N	Lie Pettersen 1924
16. Bangsund	As	Schaanning 1926
o Mosjøen	J	Krogh 1959
17. Hamarøy	B	Curry-Lindahl 1963
18. Tromsö	B	Bernhoft-Osa 1923
o Reisa-Tal	B	Curry-Lindahl 1963
19. Viipustunturi	A	Merikallio 1958
20. Lappland-Naturschutzgebiet	As	Wladimirskaja 1948
o Insel Welikij	Jc	Blagosklonow 1960
21. Soloweckij-Inseln	B	Poljakow 1929
o Archangelsk	J	Woinstwenskij 1954
22. Oberlauf des Mezenj	A	Ostroumow 1949

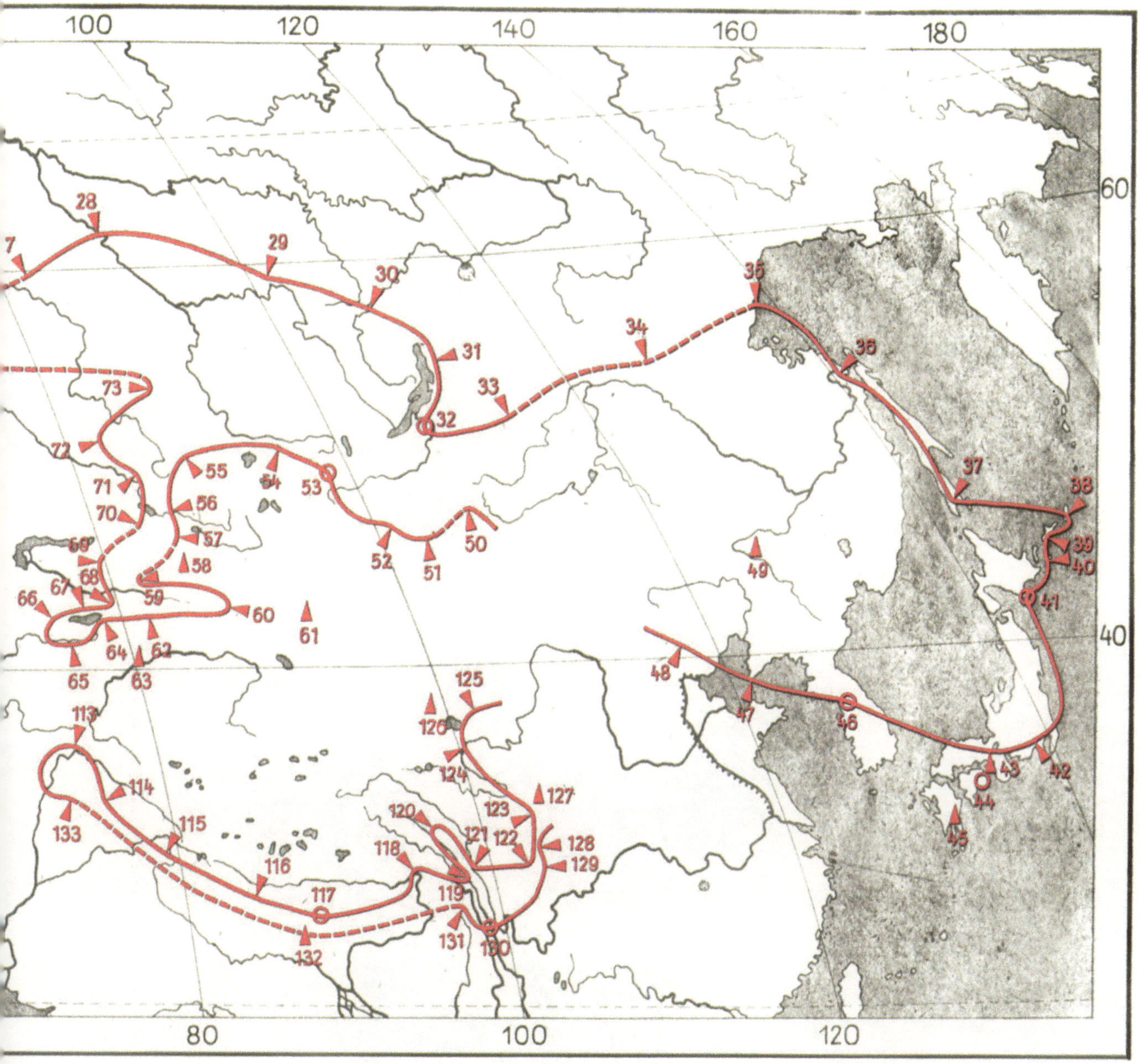

Nr.	Fundort		Quelle
23.	Oberlauf der Wytschegda	A	Ostroumow 1949
24.	Petschora-Ilytsch-Naturschutzgebiet	As	Teplowa 1957
25.	Pawda	A	Sabanejew 1874
o	Turinsk	A	Slowcow 1892
26.	Tobolsk	A	Tarunin 1928
27.	Mittellauf des Tym	A	Johansen 1944
28.	Fluß Komsa	A	Syrojetschkowskij 1960
—	Osinowo	Ac	Syrojetschkowskij 1960
29.	Fluß Tschadobec	Jc	Reimers 1966
30.	Kirensk (15. X.)	A	Coll. Zool. Inst. Leningrad (Portenko brfl. 1968)
31.	Fluß Tompuda	Bs	Skrjabin u. Filonow 1962
o	Fluß Bolschoj Tschiwyrkuj	Bs	Skrjabin u. Filonow 1962
32.	Ornithogeogr. Bereich Selenga	Bs	Gagina 1961
33.	Tschita	As	Stegmann 1929
34.	Tukuringra-Gebirge	A	Dorogostajskij 1915
35.	Ajan	A	Portenko 1954
o	Große Schantar-Insel	A	Dulkejt u. Schulpin 1937
36.	Nikolajewsk (Amur)	A	Schrenk 1860
o	Choe	B	Gizenko 1955
37.	Nowoaleksandrowsk	B	Gizenko 1955
38.	Urup (IX.)	A	Gizenko 1955
39.	Iturup (= Yetorofu)	Bc	Yamashina 1931, Bergman 1935
40.	Schikotan (IX.)	A	Gizenko 1955
41.	Hokkaido	Bc	Jahn 1942
42.	Fujiyama	As	Ingram 1908
43.	Hieizan (Kyoto)	B	Jahn 1942
44.	Prov. Tokushima	B	Yamashina et al. 1958
45.	Gebirge S Oita (VIII., X.)	A	anon. 1959
46.	Prov. Kyonggi Do ↓	A	Austin 1948

47. Port Arthur	A	Meise 1934
o Shanhaikuan	A	La Touche 1925
— Chingwangtao	A	La Touche 1925
48. Tungling (NNE Sinlun)	B	Shaw 1936
49. Charbin	A	Meise 1934
50. Ulan Bator	As	Grummt 1961
— SW-Kentej-Gebirge	A	Kozlowa 1930
51. Quellen des Ongiingol (II.)	A	Kozlowa 1930
o Oberlauf des Orchon (II.)	A	Kozlowa 1930
52. Zain-schabi	J	Kozlowa 1930
o Fluß Teksch	A	Coll. Zool. Inst. Leningrad (Portenko brfl. 1968)
53. Fluß Tes	Aa	Berezowskij 1881
54. Oberlauf des Schurmak	A	Tugarinow 1916
— Fluß Naryn	A	Coll. Zool. Inst. Leningrad (Portenko brfl. 1968)
o Quellen der Schawla	As	Folitarek u. Dementjew 1938
55. Borotal	J	Sushkin 1938
o Katon-Karagaj	J	Coll. Zool. Inst. Leningrad (Portenko brfl. 1968)
56. Mündung des Kaldshir	A	Poljakow 1915
57. Berge Sary-Tologoj	J	Suschkin 1925
58. Fluß Orchu (N See Telli-nur; XII.)	A	Coll. Zool. Inst. Leningrad (Portenko brfl. 1968)
59. Talki-Berge (N Kuldsha)	A	Coll. Zool. Inst. Leningrad (Portenko brfl. 1968)
o Kitaj-piket	A	Coll. Zool. Inst. Leningrad (Portenko brfl. 1968)
60. Fluß Algoj (IX.)	A	Coll. Zool. Inst. Leningrad (Portenko brfl. 1968)
61. Koshmak Tal (26. III.)	A	Ludlow u. Kinnear 1933
— Chotun-tam (Chami; IX., II.)	A	Pleske 1892
62. Fluß Agijas	J	Hellmayr 1929
— Shotta	As	Ludlow u. Kinnear 1933
63. Aksu (III., XI.)	A	Schalow 1908
64. Tschon-Kyzyl-Su	J	Stepanjan 1959
65. Forstort Bosogo (Fluß Atbaschi)	J	Janusсhewitsch et al. 1960
66. Fluß Alaartscha	Jc	Kusnecow 1962
67. Alma-Ata	J	Coll. Zool. Inst. Leningrad (Portenko brfl. 1968)
68. Fluß Scharyn	Jc	Korelow 1948
69. Kapal	A	Coll. Zool. Inst. Leningrad (Portenko brfl. 1968)
70. Tarbagataj-Gebirge ↓	Bs	Chachlow 1928
o Zajsan-See	Bs	Chachlow 1928
71. Berg Sinjucha	A	Kuzjmina 1953
72. Zmeinogorsk	A	Poljakow 1915
73. Fluß Tomj-Tschumysch	Ba	Johansen 1935
— Aleksandrowka	J	Johansen 1935
74. Omsk ↓	A	Lawrow 1925
75. Ilmen-Naturschutzgebiet	Bs	Snigirewskij 1929
— Miass	J	Snigirewskij 1929
o Fluß Terga (Werchn. Awzjan)	J	Snigirewskij 1947
76. Schajtan-Tau (N Kuwandyk)	A	Kirikow 1952
o Unterlauf des Ik	B	Zarudnyj 1897
77. Usenj-Iwanowskoje	A	Suschkin 1897
o Tschistopol	Bs	Ruzskij 1893
78. Kanasch (= Schochrana)	Ac	Woltschaneckij 1924
o Tellermanow-Forstrevier (Borisoglebsk)	Bc	Obrazcow 1951
79. Woroschilowgrad (= Lugansk)	B	Woinstwenskij 1949 und brfl. 1968

o Tschornyj les (W Znamenka)	N	Woinstwenskij 1949 und brfl. 1968
80. Slobodka	J	Coll. Zool. Inst. Leningrad (Portenko brfl. 1968)
81. Bazawluk-Mündung	Bs	Kistjakowskij 1957
82. Unterlauf des Dnjestr	B	Nazarenko 1957
o Kamtschyja	J	v. Jordans 1940
83. Gramatikowo	Nc	Paspalewa-Antonowa brfl. 1966
o Alibotusch	As	Scharnke u. Wolf 1938
84. Cholomon-Gebirge	Ns	Bauer et al. 1969
85. Ossa	Ba	Bauer et al. 1969
86. Parnassos	Bs	Flach 1955, 1960, Bauer et al. 1969
87. Mawrowuni (Katara-Paß)	Ba	Bauer et al. 1969
88. Oroshi (E Shkodra)	A	Klaptocz 1911
89. Jablanac	A	Terrasse 1961
90. Bosco del Cansiglio	A	Vallon 1907
o Brembana-Tal	Ac	Arrigoni degli Oddi 1901
91. Gran Paradiso	Ac	Moltoni 1956, 1960
92. Fontanalba	A	Ferry u. Hortigue 1962
93. Ligurischer Appennin	B	Boschetti 1905
94. Abetone	B	Caterini 1941
95. Vallombrosa	As	Stresemann 1957
96. Abruzzen-Nationalpark	Na	Stresemann 1957, Moltoni 1959
— Monti Simbruini	B	Alexander 1927
— Monte Terminillo	Nc	Di Carlo 1958
97. Monte Pollino	As	Stresemann 1957
98. Korsika	Nc	Jourdain 1911, Mees 1952, Guillou 1964
99. Krim-Naturschutzgebiet	Bc	Puzanow 1931
— Tauschan-bazar	Bc	Moltschanow 1906
100. Forstrevier Staro-Krim (SW Staryj Krim)	J	Coll. Zool. Inst. Leningrad (Portenko brfl. 1968)
101. Slawjanskaja	B	Kistjakowskij 1932
o Pjatigorsk	N	Boehme 1958
102. Schelkowskaja	As	Boehme 1928
103. Ismailly	As	Gambarow 1954
104. Talysch	Ac	Radde 1886
105. Gumbet Kabuz (= Gonbad-e-Kavus)	A	Schestoperow 1927
— Ach-Imam	Bs	Zarudnyj u. Bilkewitsch 1913, Dementjew 1948
106. Nordhänge des Elburs-Gebirges	Aa	Passburg 1959
107. Rustem-Abad	J	Zarudnyj u. Loudon 1905
108. Karakurt	A	Kumerloeve 1968
109. Seben-Dagh ↓	Asa	Rössner 1935
— Bolu-Dagh	Asa	Rössner 1935
110. Sebatos	A	v. Jordans u. Steinbacher 1948
111. Tschuruksu (N Kobuleti)	Jc	Dombrowskij 1913
112. Sotschi	Bc	Strokow 1960
113. Gilgit	B	Biddulph 1881, Scully 1881
114. Lidar-Tal	A	Bates u. Lowther 1952
o Tsokang Nulla (Lahul)	A	Vaurie 1950
— Muling (Lahul)	A	Vaurie 1950
115. Chitona (Tehri)	A	Vaurie 1950
116. Manangbhot	A	Lowndes 1950
117. Sikkim	Bc	Meinertzhagen 1927, Ali 1962
o Sur La	A	Ludlow u. Kinnear 1944
118. Tongkyuk	Ac	Ludlow 1951, Ludlow u. Kinnear 1944
— Showa	Ac	Ludlow 1951
119. Tola-Gebirge	A	Greenway 1933

120.	S Yekundo (Lager 89)	Bsa	Schäfer 1938, Schäfer u. Meyer de Schauensee 1939
121.	Batang	Bsa	Schäfer u. Meyer de Schauensee 1939
122.	Hadja-tungoo (Tatsienlu)	A	Bangs 1932
123.	Sungpan	B	Kleinschmidt u. Weigold 1922
–	Min-shan	A	Lönnberg 1924
124.	Fluß Baga-gorgi (= Bogogortschiche)	A	Pleske 1894
–	Revenny-(= Dshupar-) Gebirge	A	Pleske 1894
125.	Hu-dja-dschuang	A	Stresemann et al. 1937
–	Süd-Tetung-Gebirge	N	Stresemann et al. 1937
126.	Babo-cho (zentraler Nan-schan)	A	Pleske 1892
127.	Satani (Siku)	A	Berezowski u. Bianchi 1891
–	Io-dzam-pu (Siku)	A	Berezowski u. Bianchi 1891
128.	Kwanhsien	A	Kleinschmidt u. Weigold 1922
129.	Shih-shah-shi (Kiating)	A	Bangs 1932
–	Berg Waschan	A	Kleinschmidt u. Weigold 1922
o	Große Schleife des Yangtze Kiang	A	Ingram 1912
130.	Mekong-Salwin-Wasserscheide	J	Rothschild 1923
131.	Adung-Tal	As	Kinnear 1934
132.	Mangalbaré	A	Ripley 1950
133.	Murree	Ns	Rattray 1905

Anmerkungen

Zu P. 9:
Die Verbreitung in den flachen Gegenden Frankreichs ist wahrscheinlich noch nicht vollständig bekannt. Dieser Punkt gründet sich nur auf einen einzelnen singenden Vogel (15. VIII.).

Zu P. 46:
In Südkorea ist *C. familiaris* nicht brütend gefunden worden (Austin u. Kuroda 1953); das einzige uns bekannte Vorkommen (2 Ex. vom 15. XI. 1884; Clark 1911) bei Fusan liefert keinen Hinweis.

Zu P. 70:
Brutvorkommen im Dshungarischen Alatau (und in benachbarten Bergzügen auf chinesischer Seite) sind nicht erwiesen, angesichts der Punkte 57 und 58 jedoch sehr wahrscheinlich.

Zu P. 74:
Möglicherweise verläuft die hier ungewisse Grenze zwischen den Punkten 72 und 74 weiter westlich; aus den wenig bekannten eingesprengten Wäldern in diesem Raum liegt kein Nachweis vor.

Zu P. 109:
Bei der Grenzführung in Kleinasien folgen wir dem Vorschlag von Kumerloeve (1962).

LITERATUR

Alexander 1927 — Ibis (12) 3, 667.
Ali 1962 — Birds Sikkim. Madras. 352.
anon. 1959 — Tori 15, 190.
anon. 1963 — Oiseaux de France 13/2, 26.
Arrigoni degli Oddi 1901 — Zoologist (4) 5, 9.
Ash u. Clafton 1961 — Oiseaux de France 11/2, 18.
Austin 1948 — Birds Korea. Cambridge. 198.
Austin u. Kuroda 1953 — Birds Japan. Cambridge. 520.
Bangs 1932 — Publ. Field Mus. Nat. Hist., Zool. 18, 369.
Bates u. Lowther 1952 — Breeding Birds Kashmir. London. 345.
Bauer et al. 1969 — Cat. Faunae Graeciae. Aves. Thessaloniki. 136.
Berezowski 1881 — Otscherki Sew.-zapad. Mongolii, St. Pétersb. 344.
Berezowski u. Bianchi 1891 — Aves exped. Potanini Gan-su. St.-Pétersburg. 125.
Bergman 1935 — Nordostasiat. Vögel. Stockholm. 185.
Berndt u. Meise 1962 — Naturgeschichte d. Vögel. Stuttgart. 2, 544.
Bernhoft-Osa 1923 — Mitt. Vogelw. 22, 40.
Biddulph 1881 — Ibis (4) 5, 50.
Blagosklonow 1960 — Trudy Kandalak. zapow. 2, 89.
Boehme 1928 — Izw. Gorsk. Ped. Inst. 5, 125.
Boehme 1958 — Zap. Sew.-Oset. Ped. Inst. 23, 160.
Boschetti 1905 — Avicula 9, 98.
Campbell 1962 — Oiseaux de France 12/2, 19.
Caterini 1941 — Riv. Ital. Orn. 11, 17.
Chachlow 1928 — Izw. Tomsk. Uniw. 81, 74.
Cheng 1958 — List China Birds. Peking. 2, 356/57.
Clark 1911 — Proc. US Nat. Mus. 38, 171.
Corti 1961 — Brutvögel franz. ital. Alpenzone. Chur. 601.
Curry-Lindahl 1963 — Fåglar i Norden. Stockholm. 4, 1684.
Dementjew 1948 — Trudy bjuro kolcew. 7, 191.
Desiron 1958 — Gerfaut 48, 299.
Di Carlo 1958 — Riv. Ital. Orn. 28, 207.
Diesselhorst 1968 — Khumbu Himal. Innsbruck–München. 2, 355-56.
Dombrowskij 1913 — Trudy Kiew. Orn. Ob. 1, 139.
Dorogostajskij 1915 — Izw. Akad. nauk (6) 9, 406.
Dulkejt u. Schulpin 1937 — Trudy Biol. Inst. Tomsk. Uniw. 4, 133.
Erard 1961 — L'Oiseau 31, 330.
Ferry u. Hortigue 1962 — L'Oiseau 32, 155.
Flach 1955 — Fauna och Flora 50, 247.
Flach 1960 — Fauna och Flora 55, 256.
Folitarek u. Dementjew 1938 — Trudy Altajsk. zapow. 1, 31.
Gagina 1961 — Trudy Barguzinsk. zapow. 3, 115.
Gambarow 1954 — Trudy Inst. Zool. Akad. nauk Azerb. SSR 17, 91.
Géroudet u. Barruel 1956 — Alauda 24, 87.
Gizenko 1955 — Pticy Sachalinsk. Obl. Moskwa. 258.
Gouriou 1963 — Oiseaux de France 13/2, 26.
Greenway 1933 — Bull. Mus. comp. Zool. Harvard 74, 158.
Grote 1937 — Vogelzug 8, 2; 63.
Grummt 1961 — Beitr. Vogelk. 7, 359.
Guillou 1964 — Alauda 32, 215.
Hartert u. Steinbacher 1933 — Vögel paläarkt. Fauna. Erg.-Bd., 154–158.
Hellmayr 1929 — Publ. Field Mus. Nat. Hist. Zool. 17, 84.
Ingram 1908 — Ibis (9) 2, 148.
Ingram 1912 — Novit. Zool. 19, 303.
Jahn 1942 — J. Orn. 90, 114.

Januschewitsch et al. 1960 Pticy Kirgizii. Frunze. 2, 158.
Johansen 1935 Trudy Biol. Inst. Tomsk. Uniw. 1, 45.
Johansen 1944 J. Orn. 92, 170.
v. Jordans 1940 Mitt. Naturwiss. Inst. Sofia 13, 83.
v. Jordans u. Steinbacher 1948 Senckenbergiana 28, 168.
Jouard 1935 Alauda 7, 438.
Jourdain 1911 Ibis (9) 5, 440.
Kennedy et al. 1954 Birds Ireland. Edinburgh – London. 331.
Kinnear 1934 J. Bombay Nat. Hist. Soc. 37, 356.
Kirikow 1952 Pticy i mlek. jushn. Urala. Moskwa. 219.
Kistjakowskij 1932 Trudy zaschtsch. rast. (4) 2, 136.
Kistjakowskij 1957 Zbirnik prac Zool. Muz. Akad. nauk Ukrain. SSR 28, 41.
Klaptocz 1911 Orn. Jb. 22, 47.
Kleinschmidt u. Weigold 1922 Abh. Mus. Tierk. Völkerk. Dresden 15/3, 7.
Korelow 1948 Izw. Akad. nauk Kazach. SSR 63, Zool. 8, 109.
Kozlowa 1930 Pticy Zabajkalja, Sew. Mongolii i centr. Gobi. Leningrad. 220.
Krogh 1959 Sterna 3, 259.
Kumerloeve 1962 Bonn. Zool. Beitr. 12 (Sonderh.), 72.
Kumerloeve 1968 Rev. Fac. Sci. Univ. Instanbul, Ser. B, 32/3 – 4, 112.
Kusnecow 1962 Ornitologija 5, 231.
Kuzjmina 1953 Trudy Inst. Zool. Akad. nauk Kazach. SSR 2, 95.
Laurant u. Mouillard 1939 Alauda 11, 138.
Lawrow 1925 Trudy Sibir. Sel.-Choz. Akad. Omsk 4, 4.
Lie Pettersen 1924 Norsk orn. Tidsskr. 2, 8.
Lönnberg 1924 Ibis (11) 6, 312.
Ludlow 1951 Ibis 93, 558.
Ludlow u. Kinnear 1933 Ibis (13) 3, 453.
Ludlow u. Kinnear 1944 Ibis 86, 176.
Mayaud 1954 Vie et Milieu 4, 187.
Meès 1952 Alauda 20, 83.
Meinertzhagen 1927 Ibis (12) 3, 408.
Meise 1934 Abh. Mus. Tierk. Völkerk. Dresden 18/2, 30.
Merikallio 1958 Finnish Birds. Helsinki. 149.
Moltoni 1956 Riv. Ital. Orn. 26, 167.
Moltoni 1959 Riv. Ital. Orn. 29, 164.
Moltoni 1960 Riv. Ital. Orn. 30, 117.
Moltschanow 1906 Mat. Fauna Flora Ross. 7, 259.
Nazarenko 1957 Praci Odesjk. Uniw. 93/147, Biol. 8, 204.
Obrazcow 1951 Trudy Inst. Lesa 7, 196.
Ostroumow 1949 Shiwot. mir Komi ASSR. Syktywkar. 53.
Parslow 1967 Brit. Birds 60, 284.
Passburg 1959 Ibis 101, 164.
Pleske 1892 Mélang. Biol. Bull. Acad. Sci. St.-Pétersb. 13/2, 286.
Pleske 1894 Aves Przewalskianae. St.-Pétersb. 2/3, 177.
Poljakow 1915 Mess. orn. 6 (Sonderh.), 44 – 45.
Poljakow 1929 Mat. Solow. Ob. Krajewed. 20, 18.
Portenko 1954 Pticy SSSR. Moskwa – Leningrad. 3, 132.
Puzanow 1931 Sbornik rabot fauny Krymsk. zapow. Moskwa – Leningrad. 25.
Radde 1886 Fauna Flora südwestl. Caspi-Gebiet. Leipzig. 21.
Rattray 1905 J. Bombay Nat. Hist. Soc. 16, 424.
Rawkin 1973 Pticy sew.-wost. Altaja. Nowosibirsk. 213/14.
Reimers 1956 Pticy i mlek. jushn. tajgi Sredn. Sibiri. Moskwa – Leningrad. 178.
Ripley 1950 J. Bombay Nat. Hist. Soc. 49, 409.
Rössner 1935 Sitz.-Ber. Akad. Wiss. Wien, Math.-Nat. Kl. 144, 303.
Rothschild 1923 Novit. Zool. 30, 52.
Ruzskij 1893 Trudy Ob. Jest. Kazan. Uniw. 25, 233; 324.
Sabanejew 1874 Pozwon. Sredn. Urala. Moskwa. 68.
Schaanning 1926 Norsk orn. Tidsskr. 2, 150.
Schäfer 1938 J. Orn. 86 (Sonderh.), 284.
Schäfer u. Meyer de Schauensee 1939 Proc. Acad. Nat. Sci. Philadelphia 90, 214.
Schalow 1908 J. Orn. 56, 232.
Scharnke u. Wolf 1938 J. Orn. 86, 323.
Schestoperow 1927 Bull. Soc. Nat. Moscou 36, 372.
Schnebel 1972 Vogelwelt 93, 201.
Schrenk 1860 Reisen, Forschungen im Amurland. St.-Pétersb. 1, 331.
Scully 1881 Ibis (4) 5, 431.
Shaw 1936 Zoologia Sinica 15, 653.
Skrjabin u. Filonow 1962 Trudy Barguzinsk. zapow. 4, 174.
Slowcow 1892 Mat. Fauna Flora Ross. 1, 253.
Snigirewskij 1929 Orn. Skizze Ilmen-Reserv. Zlatoust. 3, 18.
Snigirewskij 1947 Trudy Baschkir. zapow. 1, 78.
Stegmann 1929 Ann. Mus. Zool. Leningrad 29, 221.
Steinbacher 1927 J. Orn. 75, 4; 548.
Stepanjan 1959 Zap. Mosk. Ped. Inst. Krupskoj 71, Zool. 4, 102.
Stresemann 1918 Verh. Orn. Ges. Bayern 13, 262.
Stresemann 1919 Verh. Orn. Ges. Bayern 14, 1; 39 – 74.
Stresemann 1957 J. Orn. 98, 13; 19; 382.
Stresemann et al. 1937 J. Orn. 85, 510.
Strokow 1960 Pticy wodojomow. Moskwa. 128.
Suschkin 1897 Mat. Fauna Flora Ross. 4, 206.
Suschkin 1925 List distrib. birds Russ. Altai, NW Mongoli a. Leningrad. 43.
Sushkin 1938 Birds Soviet Altai. Moskwa – Leningrad. 2, 123.
Szijj 1956 – 57 Aquila 63 – 64, 144 – 155.
Syrojetschkowskij 1960 Ornitologija 3, 216.
Tarunin 1928 Uragus 3/3 – 4, 12.
Teplowa 1957 Trudy Petsch.-Ilytsch. zapow. 6, 90.
Terrasse 1961 L'Oiseau 31, 126.
Terrasse u. Spitz 1956 Oiseaux de France 6, 152.
Thielcke 1966 Vogelwelt 87, 116.
La Touche 1925 Birds Eastern China. London. 1, 41.
Tugarinow 1916 Mess. orn. 7, 88.
Vallon 1907 Avicula 11, 55.
Vaurie 1950 Amer. Mus. Novit. 1472, 35.
Vaurie 1957 Amer. Mus. Novit. 1855, 1 – 8.
Vaurie 1959 Birds palearct. Fauna. Passeriformes. London. 536 – 541.
Voous 1965 Vogelwelt Europas. Hamburg – Berlin. 235.
Wladimirskaja 1948 Trudy Lapl. zapow. 3, 230.
Woinstwenskij 1949 Pischtschuchi, popolzni, sinicy Ukrain. SSR. Kiew. 97 – 98.
Woinstwenskij 1954 Pticy Sow. Sojuza. Moskwa. 5, 704.
Woltschaneckij 1924 Zap. Saratow. Uniw. 2, 23.
Yamashina 1931 J. Orn. 79, 505.
Yamashina et al. 1958 Handlist Jap. Birds. Tokyo. 42.
Zarudnyj 1897 Mat. Fauna Flora Ross. 3, 218.
Zarudnyj u. Loudon 1905 Orn. Mber. 13, 106.
Zarudnyj u. Biljkewitsch 1913 Mess. orn. 4, 31.

Briefliche Auskünfte erteilten Blaszyk, Mildenberger (Niedersachsen), Martens (Griechenland), Paspalewa-Antonowa (Bulgarien), Spitz (Frankreich) und Woinstwenskij (Sowjetunion).

Certhia familiaris L.

Waldbaumläufer

Zur Gliederung und Verbreitung

Die Art bewohnt die boreale und gemäßigte Zone und dringt auch in die Gebirgsregionen vor. Voous (1965) fixiert die Arealgrenzen etwa zwischen den Juli-Isothermen von 14—16 °C im Norden und 22—24 °C im Süden. In der Paläarktis unterscheiden Hartert und Steinbacher (1933) und Vaurie (1957 u. 1959) 13 Subspecies, die dieser in 3 „clines" und 2 gleitend differenzierte, isolierte Unterarten gruppiert:

1. Nördliche und östliche Unterarten: *Certhia familiaris familiaris* L. (Skandinavien, nach Osten bis ungefähr zum Jenissei), *C. f. daurica* Domaniewski (Sibirien, östlich der Nominatform bis Transbaikalien, südlich bis zum Altai, Sajan und zur nördlichen Mongolei), *C. f. orientalis* Domaniewski (Amurgebiet, nach Norden bis Südgestade des Ochotskischen Meeres, Südkurilen, Sachalin, Hokkaido, Ussurigebiet, Nordostchina, nach Süden bis Nordkorea und ins nördliche Hopeh), *C. f. japonica* Hartert (auf Hondo, eventuell Shikoku und in Südkorea), *C. f. bianchii* Hartert (südliches Shensi, westwärts durch Kansu bis Osttsinghai), *C. f. khamensis* Bianchi (Nord- und Westszetschuan, nach Westen durch Sikang bis etwa an die südosttibetische Grenze, südlich bis Nordjünnan und das nördlichste Burma), *C. f. mandellii* Brooks (Himalaya von Nordpandschab bis Ostbhutan), *C. f. hodgsoni* Brooks (westlicher Himalaya).
2. Westliche Unterarten: *C. f. macrodactyla* Brehm (Europa südlich der skandinavischen bzw. nordeurasiatischen Nominatform), *C. f. britannica* Ridgway (Britische Inseln), *C. f. corsa* Hartert (Korsika).

Die o. g. isolierten Subspecies sind: *C. f. persica* Zarudny u. Loudon (im Nordiran westwärts bis Transkaukasien, zum Kaukasus und zur Krim) und *C. f. tianschanica* Hartert (im zentralen Tienschan, Transili- und Terskij Alatau im Westen, ostwärts bis ungefähr 81° östlicher L. (Sinkiang).

Johansen (1944) differenziert die Waldbaumläufer-Unterarten nach 2 Gruppen: einer nördlichen helleren und einer dunkleren südlichen. In der nördlichen Gruppe erkennt er 2 Variationsreihen: eine lange westliche *familiaris*-Reihe und eine kurze östliche *japonica*-Reihe. Beide zeigen als Merkmalsprogression ein Größer- und Grauerwerden, allerdings in umgekehrter Richtung: *familiaris* von West nach Ost, *japonica* von Ost nach West.

Detaillierte Angaben zum geographischen Variieren finden sich bei Vaurie (1959, p. 536/37). Die Verbreitungsgeschichte der Art ist für Europa noch immer hypothetisch, für das asiatische Areal weitgehend unbekannt (vgl. bei Stresemann 1919, Steinbacher 1927, Szijj 1956—1957, Voous 1965). Übereinstimmung herrscht darüber, daß die Glazialzeit für die rezente europäische Verbreitung und Bildung von *C. brachydactyla* (Gartenbaumläufer) und *C. familiaris* von maßgeblicher Bedeutung war. Stresemann (1919) nimmt eine gemeinsame *Certhia*-Art an, die sich vor Beginn der Diluvialzeit von Asien, dem mutmaßlichen Verbreitungszentrum und Entwicklungsherd der Species, nach Osten und Westen ausbreitete: „Westwärts vorrückend, überflutete sie ganz Europa, erreichte das Mittelmeerbecken und schob sich längs seiner Ränder bis nach Kleinasien und Nordafrika vor. Je weiter sie in Europa und Nordamerika in südlicher Richtung vorrückte, umso verschiedener wurden die klimatischen und die daraus resultierenden ökologischen Bedingungen, denen sie sich anpassen mußte, und so entstanden an den entgegengesetzten Grenzen der Ausbreitung morphologisch und physiologisch allmählich abändernde Formen, die zunächst noch ganz den Charakter von Subspezies hatten." Die zu Beginn des holarktischen Quartärs einsetzende Epoche der Vereisung trennte die in Europa entstandene Baumläuferform „*Certhia familiaris brachydactyla*" räumlich von der asiatischen *Certhia familiaris*. „Während die in Europa nach Süden abgedrängte Form sich dem dort vorherrschenden Laubwald angepaßt hatte, konnte die asiatische Form der Waldformation (überwiegend Nadelhölzer — K. W.) ihrer Urheimat treu bleiben ... Als sich daher das Klima gegen Ende der letzten Vereisung endgültig milderte und der Nadelwald von einem großen, bis dahin vereisten oder zur Tundra umgewandelten Gebiet Mitteleuropas Besitz ergriff, begleitete ihn *C. familiaris* westwärts ..." (Stresemann, l. c.). Im Zuge der weiteren klimatischen Milderung im Postglazial schließlich folgte die Art in Süd- und Mitteleuropa dem sich vor dem nun nordwärts vorrückenden Laubwald ins Gebirge zurückziehenden Nadelwald.

Daß sich der Waldbaumläufer nicht überall streng an den Nadelwald gebunden hat, sich also dem Wechsel der Gehölzformation durchaus anzupassen vermochte, wird durch seine weite Verbreitung und Häufigkeit beispielsweise in den Eichen- und Buchenwäldern Südosteuropas und Laubwäldern, Parks und Gärten Englands bezeugt.

Spezialkarten der Verbreitung bei Stresemann 1919 (Europa), Szijj 1957 (Europa u. Kleinasien, Ungarn), Cheng 1958 (China), Merikallio 1958 (Finnland), Kumerloeve 1962 (Kleinasien).

Oekologie

Berndt und Meise (1962) nennen *C. familiaris* einen Vogel der Fichten-, Tannen-, Kiefern-, Buchen- und Mischwälder auch höherer Gebirgslagen. Johansen (1944) betont, daß der Vogel aufs engste mit Wald, vorwiegend mit Nadel- und Mischwald, verbunden sei. „Eine besondere Vorliebe hat der Baumläufer in Sibirien für die großen Brandflächen in der Taiga, wo sich für ihn in den abgestorbenen und faulenden Baumresten reiche Nahrung findet" (l. c.). Im Westteil Westsibiriens sei er im ganzen häufiger. Bates und Lowther (1952) stellten fest, der Vogel meide in Kaschmir Mischwälder nicht, sei aber in den höher gelegenen Kiefernwäldern und inmitten von Fichten zahlreicher; er brüte dort in größerer Dichte

;wischen 8000 und 9000 Fuß. Im Khumbu Himal (vgl. bei DIESSELHORST 1968) besetzt *C. familiaris* die höchste ihr zu-ıagende Zone, den kalt-gemäßigten subalpinen Wald. Die obere Grenze deckt sich mit der Baumgrenze. Die Vertikalgrenzen ler sommerlichen Verbreitung wurden bei 3800 m und 4200 m ermittelt. Habitat sind sowohl reine *Abies webbiana*-Be-tände als auch fast reine Birkenwälder. ALI (1962) führt als Lebensraum in Sikkim Gebirgslagen zwischen 7500 und .3500 Fuß an, in denen Fichten-, Zedern- und Rhododendronwälder gedeihen. Im Altai (RAWKIN 1973) ist *C. familiaris*)esonders in der dichten Taiga der höheren Mittelgebirge (bis 1300 m) anzutreffen. Nach SUSHKIN (1938) geht sie dort bis .800 m. SCHÄFER (1938) fand sie nicht häufig in Misch- und Nadelwäldern Hsifans und Osttibets zwischen 1000 m und 4000 m Höhe. Auf Hokkaido begegnete JAHN (1942) dem Waldbaumläufer von den Wäldern des Tieflands bis in die subalpine Zone. In Hondo wurde die Species fast ausschließlich in den montanen und subalpinen Regionen, nach KIYOSU in den Japanischen Alpen von 1200—2200 m Höhe festgestellt. Dabei bergen in Mittelhondo vorzugsweise Nadel-Birkenwälder (aus *Abies veitchii, Tsuga diversifolia, Betula ermani*), seltener überwiegend aus *Cryptomeria japonica* bestehende alte Tempelwälder len sich durch eine verborgene Lebensweise auszeichnenden, äußerst schweigsamen Vogel.

Die Nistperiode scheint relativ früh zu beginnen und lokal ziemlich ausgedehnt zu sein (siehe JOHANSEN 1944, DIESSEL-IORST 1968, RAWKIN 1973); in klimatisch günstigen Breiten finden 2 Bruten statt.

Untersuchungen SCHNEBELS (1972) in Ostniedersachsen brachten zutage, daß über die Besiedlung der einzelnen Wald-ypen bei *C. familiaris* das vorgerückte Alter der ersten Baumschicht entscheidet (vgl. auch SZIJJ 1956—57), nicht die Zusammensetzung der Subassoziationen. Wegen der beobachteten großen ökologischen Valenz stuft der Autor die Art als ›uryök, die Zwillingsart *C. brachydactyla* im gleichen Gebiet dagegen als stenök ein; die Stenökie dieser Species sei durch ihre vergleichsweise enge Bindung an rauhrindige Bäume gegeben. Die Abundanzen des Waldbaumläufers dort wurden in allen Wald-ypen relativ konstant angetroffen, während die des Gartenbaumläufers erheblich schwankten. Was intra- und interspezi-isches Verhalten angeht, erwies sich *C. familiaris* als flinker und konkurrenzstärker.

THIELCKE (1966) beobachtete bei großzügig gekäfigten Waldbaumläufern eine weitaus geringere Tendenz, auf Feder-kontakt zu schlafen, als bei unter gleichen Bedingungen gehaltenen, wärmebedürftigeren Gartenbaumläufern: „Daß es sich labei um sinnvolle Korrelationen mit der geographischen Verbreitung beider Arten handelt, ist offensichtlich. Ein Selek-ionsvorteil könnte für den Waldbaumläufer jedenfalls im hohen Norden die Fähigkeit sein, vorhandene Mulden zu erweitern, ım so vor nächtlichen Witterungseinflüssen geschützt zu sein."

Wanderungen

Im wesentlichen Standvogel, selbst in höheren Breiten (z.B. Lappland, vgl. THIELCKE 1966). Harte Winter mögen ıordasiatische Populationen zuweilen zu begrenzten Zugbewegungen nach Süden veranlassen (siehe GROTE 1937, JOHANSEN .944). Oft schließen sich die Vögel im Herbst vagabundierenden Meisenflügen an, werden aber auch dann einzeln angetroffen.

K. W.

Luscinia megarhynchos Brehm

bearbeitet von

L. A. PORTENKO und K. WUNDERLICH

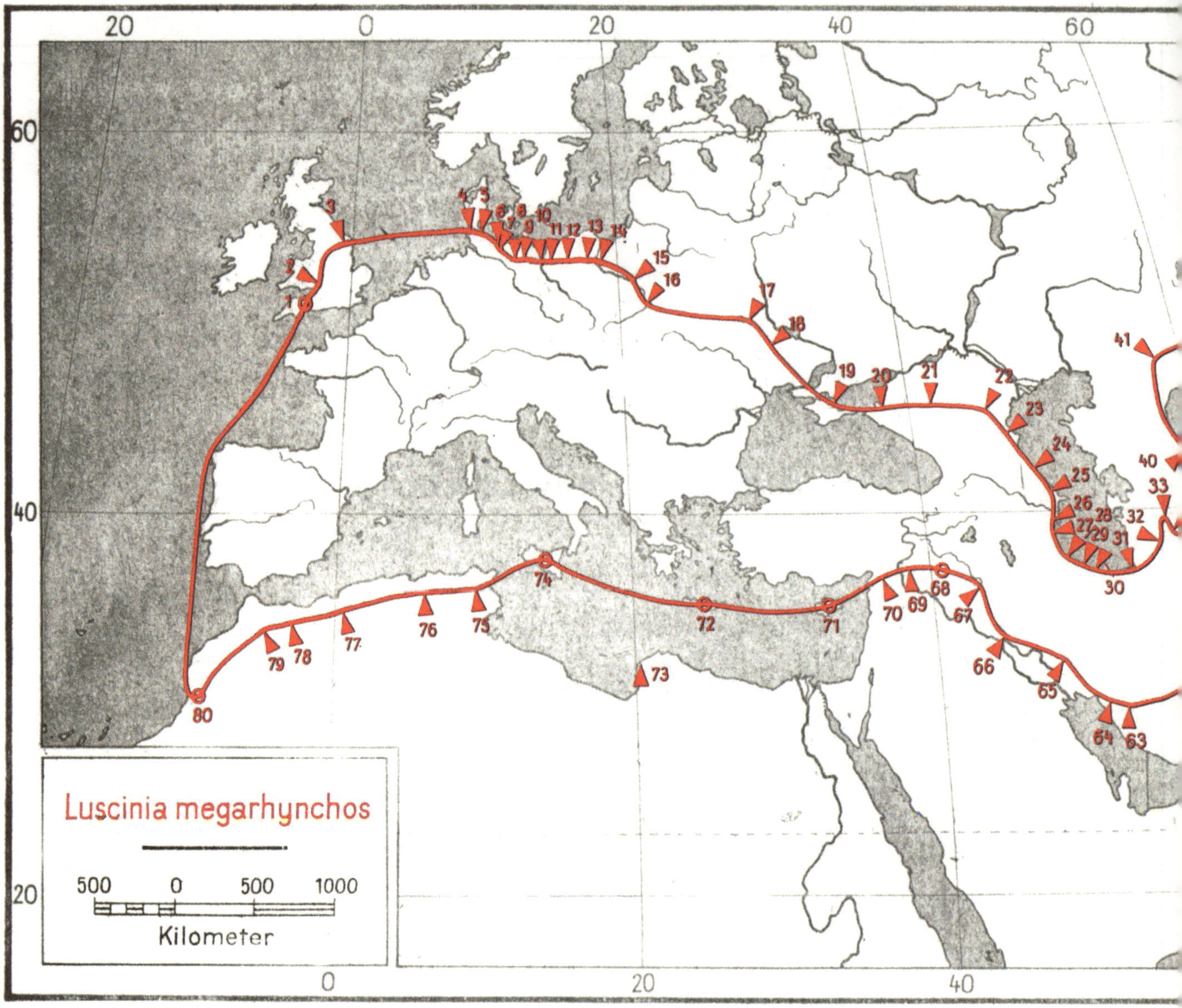

FUNDORTLISTE

Nr.	Fundort		Quelle
1.	Östliches Somerset	B	WITHERBY et al. 1965
2.	Severn	B	WITHERBY et al. 1965
3.	S Humber-Fluß	B	WITHERBY et al. 1965
4.	Bredstedt	B	EMEIS 1930
5.	Flensburg	B	EMEIS 1930
6.	W Wismar	B	STRESEMANN 1948
7.	Schwerin	B	STRESEMANN 1948
8.	Waren	B	STRESEMANN 1948
9.	Neubrandenburg	B	STRESEMANN 1948
10.	Stettin (= Szczecin)	B	STRESEMANN 1948
11.	Stargard	B	STRESEMANN 1948
12.	Schneidemühl (= Piła)	B	STRESEMANN 1948
13.	Bromberg (= Bydgoszcz)	B	STRESEMANN 1948
14.	Thorn (= Toruń)	B	STRESEMANN 1948
15.	Warschau (= Warczawa)	B	STRESEMANN 1948
16.	Mündung San in die Weichsel	B	STRESEMANN 1948
17.	Rafailowsker Wald	As	KISTJAKOWSKI 1950
18.	Babadagh	Bc	ALMÁSY 1898
19.	Tamak	JB	SCHATILOFF 1860
20.	Slawjanskaja	B	KISTJAKOWSKI 1932
21.	Krasnodar	A	KAZAKOW brfl. 1970
22.	Lewokumskoje	A	KAZAKOW brfl. 1970
23.	Kizljar	Ac	BÖHME 1925
24.	Derbent	Bc	SATUNIN 1904
25.	Altyagatsch	Ac	GAMBAROW 1954
26.	Kyzyl-Agatsch	Bc	MÉNÉTRIES 1832
27.	Astara	A	PORTENKO brfl. 1971
28.	Enzeli (= Bandar-e-Pahlavi)	A	BUXTON 1921
29.	Kuramabad	Bc	STRESEMANN 1928
30.	Suledä	Bc	STRESEMANN 1928
31.	Bender-Gez	As	ZARUDNYJ u. BILKEWITSCH 1913
32.	Tschatly	As	ZARUDNYJ u. BILKEWITSCH 1913

33. Kazandshik	A	Zarudnyj u. Bilkewitsch 1913
34. Umgebung von Kara Kala	AN	Malyschewski brfl. 1970
35. Bagir	A	Rustamow 1946
36. Tedshen	A	Taschlijew et al. 1938
37. Dejnau	A	Rustamow 1946
38. Gugerdshengli	A	Rustamow 1946
39. Taschauz	BJ	Rustamow 1955
40. Shiwa-Oase	B	Bogdanow 1882
41. Mugadshary	B	Suschkin 1908
42. Sary-Turgaj	B	Kuzmina 1970
43. Atasujski	A	Kuzmina 1970
44. Berg Kyzyl-Raj	Bs	Dolguschin 1947
45. Tschubartau	B	Kuzmina 1970
46. Mündung des Flusses Narym	B	Poljakow 1909
47. Fluß Tschetj-Terek	B	Poljakow 1909
48. Jarantaj	B	Piechocki u. Bolod 1972
49. Saur-Gebirge	B	Kuzmina 1970
50. Schlucht Prajty	A	Korelow brfl. 1971
51. Kuldsha	J	Portenko brfl. 1970
52. Schaty	A	Hellmayr 1929
53. Terskij Alatau	A	Stepanjan 1959
54. Naryn und Atbaschi	B	Januschewitsch et al. 1960
55. Gultscha	A	Stolzmann 1898
56. Dataut-Kurgan	B	Januschewitsch 1960
57. Unterläufe von Gunt und Schachdara (= Chorog)	A	Ivanov 1940
58. Ischkaschim	A	Moltschanow u. Zarudnyj 1915
59. Danaghori Plains	B	Meinertzhagen 1938
60. Pandshao	Bc	Paludan 1959
61. Nech	B	Zarudnyj 1900
62. Kerman	A	Blanford 1876
63. Schiraz	Ac	Blanford 1876
64. Kazran	A	Witherby 1903

65. Susa	A	PALUDAN 1938
66. Bagdad	N	ALLOUSE 1953
67. Umgebung von Mosul	N	ALLOUSE 1953
68. Raum Ceylânpinar	Bs	KUMERLOEVE 1970
69. Urfa	B	STRESEMANN 1948
70. Aleppo	B	MEINERTZHAGEN 1922
71. Zypern	B	BANNERMAN u. BANNERMAN 1958
72. Kreta	B	NIETHAMMER 1942
73. Benghazi	B	HARTERT 1923
74. Sizilien	Bc	KRAMPITZ 1956
75. Kessera (= Kasserine)	B	HEIM DE BALSAC u. MAYAUD 1962
76. Batna	B	HEIM DE BALSAC u. MAYAUD 1962
— Lambese	B	HEIM DE BALSAC u. MAYAUD 1962
77. Saïda	B	HEIM DE BALSAC u. MAYAUD 1962
78. Mts. de Debdou	B	HEIM DE BALSAC u. MAYAUD 1962
79. Azrou	B	HEIM DE BALSAC u. MAYAUD 1962
80. Sou-Fluß	Bc	LYNES 1925

LITERATUR

ALLOUSE 1953 Avifauna Iraq. Baghdad. 112.
ALMÁSY 1898 Aquila 5, 108.
ASH 1973 Ibis 115, 267–269.
BANNERMAN u. BANNERMAN 1958 Birds Cyprus. Edinburgh–London. 140–141.
BLANFORD 1876 Eastern Persia. 2. 170.
BOGDANOW 1882 Otsch. prirody Chiw. oaz. Taschkent. 71.
BÖHME 1925 Orn. Exc. Kizlar, Dagestan. Wladikawkaz. 16.
BUXTON 1921 J. Bombay Nat. Hist. Soc. 27, 119.
DOLGUSCHIN 1947 Izw. Akad. Nauk. Kazach. SSR. 36, 89.
ECK 1975 Beitr. Vogelk. 21, 21–30.
EMEIS 1930 Orn. Mber. 38, 154–155.
FERENSA (Red.) 1971 Polski Ptaki. Warszawa–Kraków. 99–100.
GAMBAROW 1954 Trudy Inst. Zool. Akad. Nauk. Azerbajdsh. SSR. 17, 99.
GRAY 1958 Bird Hybrids. Bucks. 195–196.
GREMPE 1977 Falke 24, 30–31.
GROTE 1936 Orn. Mber. 44, 97–100.
HARTERT 1923 Novit. Zool. 21.
HEIM DE BALSAC u. MAYAUD 1962 Oiseaux Nord-Ouest Afrique. Paris. 303.
HELLMAYR 1929 Field Mus. Nat. Hist. Publ. 163. zool. ser. 17, 113.
HERRE 1951 Biologia Generalis 19,,483–484.
IVANOV 1940 Ois. Tadjikistan, Moscou–Leningr. 264; 269.
JANUSCHEWITSCH et al. 1960 Pticy Kirgizii. Frunze. 2, 238.
JOHANSEN 1955 J. Orn. 96, 64/65.
KISTJAKÒWSKI 1950 Trudy Inst. Zool. Akad. Nauk. SSSR. 4, 45.
KRAMPITZ 1956 J. Orn. 97, 323.
KUMERLOEVE 1961 Bonn. Zool. Beitr. 12 (Sonderh.), 128–129.
KUMERLOEVE 1970 Beitr. Vogelk. 16, 242
KUZJMINA 1970 Pticy Kazach. Alma-Ata 3. 602.
LYNES 1925 Mem. Soc. Sci. Nat. Maroc. 13.
MEINERTZHAGEN 1922 Ibis (11) 4, 30.
MEINERTZHAGEN 1938 Ibis (14) 2, 688–689.
MÉNÉTRIES 1832 Catalogue raisonné. St.-Pétersbourg. 33.
MOLTSCHANOW u. ZARUDNY 1915 Ann. Mus. Zool. St.-Pétersb. 14, 163.
NIETHAMMER 1937 Handb. dtsch. Vogelk. Leipzig. 1, 413–417.
NIETHAMMER 1942 Ann. Nat.-Hist. Mus. Wien 53, 30.
PALUDAN 1938 J. Orn. 86, 618.
PALUDAN 1959 Birds Afghanistan. Kopenhagen. 186.
PEUS 1954 Bonn. Zool. Beitr., Sonderband. 1, 29.
PIECHOCKI u. BOLOD 1972 Mitt. Zool. Mus. Berlin 48, 125.
POLJAKOW 1909 Ausflug Saissan-nor u. Marka-kul. Moskwa. 138–140.
RUSTAMOW 1946 Trudy Aschchab. Ped. Inst. 1–2, 44.
RUSTAMOW 1955 Utsch. Zap. Turkm. Uniw. 4, 123.
SATUNIN 1907 Mat. Kawkaskogo kraja. Tiflis. 60.
SCHATILOFF 1860 Bull. Soc. Nat. Moscou 33, 498.
STEINBACHER 1948 Biol. Zentralbl. 67, 449–451.
STEPANJAN 1959 Zap. Mosk. Ped. Inst. Krupskoj 71, 120.
STRESEMANN 1928 J. Orn. 76, 387.
STRESEMANN 1948 Orn. Ber. 1, 193–222.
SUSCHKIN 1908 Mat. Faun. Flor. Ross. 8, 694; 695.
TASCHLIJEW et al. 1938 Pticy kult. Landsch. Aschchabad. 38.
THIEDE 1972 Vogelwelt 93, 146.
THIEDE 1975 Vogelwelt 96, 74.
VAURIE 1955 Amer. Mus. Novit. 1731. 6–7.
VAURIE 1959 Birds palearct. Fauna. Passeriformes. London. 377–378.
VOOUS 1962 Vogelwelt Europas. Hamburg–Berlin. 319.
WITHERBY 1903 Ibis (8) 3, 548.
WITHERBY et al. 1965 British Birds. London. 2. 187–191.
ZARUDNYJ 1900 Mem. Acad. Sci. St.-Pétersb.8, 225.
ZARUDNYJ u. BILKEWITSCH 1913 Ornitol. Westn. 4, 33.
ZINK 1973 Zug europ. Singvögel. Radolfzell.

Luscinia luscinia (Linné)

Sprosser

Verbreitung

Die subspezifisch nicht gegliederte (vgl. JOHANSEN 1955) Art ist im wesentlichen zentral-paläarktisch verbreitet und bewohnt die boreale, gemäßigte und Steppenzone, die Juli-Isothermen von 17 °C im Norden und 25 °C im Süden begrenzen das Vorkommen (s. auch VOOUS 1963). Die nordwestliche Arealgrenze schwankt, in den vergangenen 100 Jahren hat sich ihr Verlauf lokal erheblich verändert; noch immer dringt *Luscinia luscinia* von ihrem Verbreitungszentrum, der europäischen Sowjetunion und Westsibirien, nach Westen vor. HOLMBRING (1972) vermerkt, daß sich Sprosser in der Provinz Ostgöterland von der Küste landeinwärts im Bereich der Flüsse und Seen zwischen 1950 und 1970 deutlich ausgebreitet haben. KUHK (1939) konstatierte für Mecklenburg um die Jahrhunderwende eine kräftige Invasionswelle bis ins mittlere Mecklenburg hinein. Gleichzeitig sei die Nachtigall nach Westen und Süden zurückgewichen. Für Schleswig-Holstein hatte sich laut EMEIS (1928) ergeben, daß die Species als Brutvogel von Nordosten her über die dänischen Inseln den nördlichen Teil zu besiedeln begann, während die von Südwesten her eingedrungene Nachtigall nur die Mitte des Landes erreicht hatte und dem eigentlichen Dänemark fehlte

Daß diese Bewegung sich fortsetzt, erweisen neuere Beobachtungen im mittleren Schweden (ANDERSSON 1972) und solche für den Hamburger Raum (LEUSCHNER 1974). Gelegentliches Auftreten in Westeuropa (z.B. 1968 erstmals in Hessen [Enkheimer Ried], s. STARCK 1970) ist bedeutungslos, da Brüten unnachweisbar bleibt (vgl. schon HARTERT 1910). Allerdings erweitert die Art ein schlauchartiges norddeutsches Brutareal nach Süden — 2 ad. mit 3—4 juv. am Tegeler Fließ, 6. Juli 1970, vgl. LÖSCHAU 1970.

An seiner europäischen Südgrenze hat der Sprosser Gelände verloren. Dies ist anthropogen: „Noch vor 150 Jahren hat der Sprosser in Mitteleuropa ein viel größeres Areal besetzt gehalten und würde es gewiß behauptet haben, wenn ihm nicht sein Ruf, der König der gefiederten Sänger zu sein, verderblich geworden wäre . . . er hat noch bis in die erste Hälfte des vorigen Jahrhunderts in den Donau-Auen von Niederösterreich und Ungarn, an der March und an der Thaya, ferner im Gebiet der mittleren Elbe gebrütet. Die Vogelfänger haben ihn dort ausgerottet“ (STRESEMANN 1948). Über die Gründe der Abnahme des Sprossers in Ungarn siehe bei SCHMIDT (1975).

Im Osten ist die Art über das mittlere Westsibirien bis etwa zum 91.° östl. Länge verbreitet und kommt auch im Nordaltai vor (vgl. JOHANSEN 1955).

Im südlichen sowjetischen Mittelasien angetroffene Sprosser — Fluß Bojaldyr (DOLGUSCHIN 1951), Rayon Dshungar (KORELOW 1961) und N Dshungarischer Alatau (KUZJMINA 1970) — sind nach PORTENKO (brfl.) unverpaarte Stücke. „Sie singen, vermehren sich aber nicht.“

Spezialkarten der Verbreitung bei EMEIS 1928 (westliche Ostsee), KUHK 1939 (Mecklenburg), WEBER 1955 (Mecklenburg) und LEUSCHNER 1974 (Raum Hamburg).

Oekologie

Siehe „Oekologie“ bei *Luscinia megarhynchos*.

Die dort vorgenommene Generalisierung der ökologischen Ansprüche bzw. Differenzen beider Species möge durch das folgende Zitat (KUHK 1939) ergänzt werden: „Die Nachtigall bewohnt in Mecklenburg mit Vorliebe die Gebüsche der Gärten, Parks und Friedhöfe, ferner buschreiche Laubwaldränder und dichte Hecken. Die Nähe des Wassers wird zwar bevorzugt, doch spielt die Bodenfeuchtigkeit keine ausschlaggebende Rolle. Der Sprosser hingegen findet sich durchweg an Stellen mit quelligem Untergrund und üppiger Bodenvegetation, nämlich in den Weiden- und Erlengebüschen der Niederungsmoore und Seeufer, also im Bruch- und Erlenwald . . . Im reinen Sprossergebiet werden aber auch die für die Nachtigall charakteristischen Örtlichkeiten von *Luscinia luscinia* bewohnt, wenn auch in geringerer Ortsdichte als sonst von der Nachtigall . . . Jedenfalls besetzt der Sprosser bei seiner Einwanderung zunächst die für ihn als kennzeichnend angeführten Stellen, erst nach Auffüllung dieses Lebensraumes stellt er sich im trockneren Park- und Gartenland ein.“ — Einen interessanten Hinweis auf die Bindung des Sprossers an eine dichte Krautschicht als Brutsubstrat gibt EMMRICH (1971) anhand von ernährungsbiologischen Untersuchungen auf Hiddensee: „Wohl wichtigste Voraussetzung für das Brüten des Sprossers auf Hiddensee ist das Vorhandensein von Biotopen mit einer geeigneten Vegetationsstruktur. Im oben genannten Gebiet (NSG „Dornbusch und Altbessin“ — K. W.) ist innerhalb weiter und relativ unzugänglicher Gebüschdickichte eine hohe sowie dichte Krautschicht ausgebildet, welche, bedingt infolge der Stickstoffanreicherung im Boden (Sanddorn-Symbionten bzw. starker Anfall von Kaninchenkot), zahlreiche nitratliebende Pflanzen wie z.B. Brennesseln enthält, und welche günstige Bedingungen zur Anlage der Nester bietet. Dort, wo auf Hiddenssee solche Vegetationsstrukturen gegeben sind, siedelt sich der Sprosser auch außerhalb der Nähe von Gewässern an.“

In Westsibirien (vgl. JOHANSEN 1955) pflegen die feuchten, dichten, fast undurchdringlichen Weiden- und Buschbewachsungen längs Flüssen und Altwässern am ehesten Bruthabitat zu sein. „In den steppigen Gebieten kommen sie in den Birken-Espen-Hainen und in den Städten, z. B. in Tomsk, in Parks und größeren Gärten vor."

Die Daten der frühjährlichen Erstbeobachtung an der Südwestgrenze (Rumänien) und im Ostareal (Tomsk) differiere um etwa 1 Monat: hier ist es im Mittel der 17. Mai, dort bereits der 14. April. Dies trifft analog auf Brutgeschäft und Weg zug zu; nach Zink (1973) geschieht dieser im Westen von Ende Juli bis September, nach Johansen (1955) beginnt er in Osten ungefähr Mitte August.

Wanderungen

Aus dem westlichen Areal nach Südosten abwandernder — was seiner östlichen Herkunft entspricht — Zugvogel, de (nach Zink 1973) in „Ostafrika von Kenia, eventuell schon vom Südsudan, südwärts bis Natal" überwintert. Ostafrik werde östlich von 25° E gewonnen, also nur in Ägypten. Westlichster Punkt ist (nach Moreau 1961) Matruh. „Um di Überwinterungsgebiete zu erreichen, müssen die Vögel der westlichen Ostseeländer im östlichen Mittelmeer oder in Nord afrika eine leichte Richtungsänderung nach S durchführen. Stresemann vermutet Schleifenzug, bei dem auf dem Herbstzu eine mehr östliche Route eingehalten wird" (Zink, l. c.).

Nachtigall und Sprosser schließen sich in ihren Wintervorkommen offenbar weitgehend aus (vgl. Grote 1936). Aller dings haben die östlichen Subspecies von *Luscinia megarhynchos* ihr Winterquartier stellenweise neben dem Sprosser (Kenia Uganda, ehemaliges nördliches Tanganyika). „In der Hauptmasse aber überwintert er noch weiter im Süden, wohin ihn keine Nachtigall folgt" (Stresemann 1948).

VI

1977

Luscinia luscinia (Linné)

bearbeitet von

L. A. PORTENKO und K. WUNDERLICH

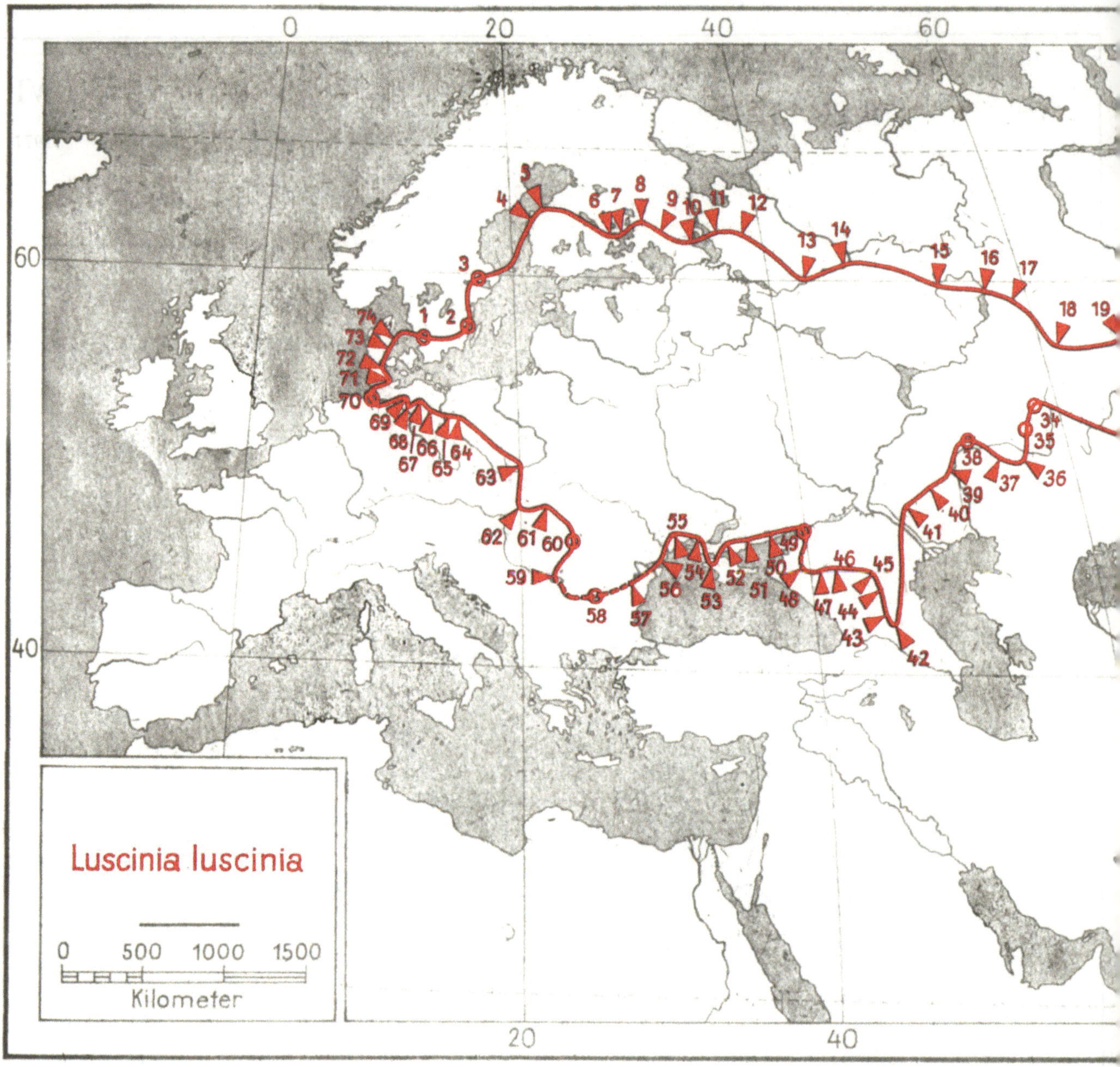

FUNDORTLISTE

Nr.	Fundort		Nachweis
1.	N Halland	B	Hilprecht 1965
2.	Kalmar Län	B	Stresemann 1948
3.	Nordufer Mälar-See	B	Stresemann 1948
4.	Vaasa	B	Merikallio 1958
5.	Kruunnupy	B	Merikallio 1958
6.	Pielavesi	B	Merikallio 1958
7.	Kaavi	B	Merikallio 1958
8.	Ahvenanmaa	B	Merikallio 1958
9.	Soujärvi	B	Backman 1886
10.	Petrosawodsk	B	Neufeldt 1958
11.	Pudosh	A	Bianchi 1916
12.	Kargopol	Bs	Mewes 1886
13.	Totma	Bs	Sokolow 1941
14.	W Ustjug	Bs	Sokolow 1941
15.	Mündung der Wolosniza	A	Duschin 1935
16.	Solikamsk	A	Woronzow 1949
17.	Kedrowka	A	Sabanejew 1874
18.	Swerdlowsk	BcN	Danilow 1954
19.	Tjumen	Bc	Larionow 1926
20.	Rayon Tobolsk	Bs	Tarunin 1928
21.	Fluß Agan	Bs	Wdowkin 1941
22.	Alexandrowsk	B	Johansen 1955
23.	Mittellauf des Tym	B	Wdowkin 1941
24.	Ton-Mündung	Bc	Zalesski 1921
25.	Atschinsk	Bc	Sushkin 1938
26.	Oberlauf des Tschumysch	A	Chachlow 1937
27.	Oberlauf der Kondoma	Bc	Zalesskij 1921
28.	Zyrjanowsk	BN	Kuzjmina 1970

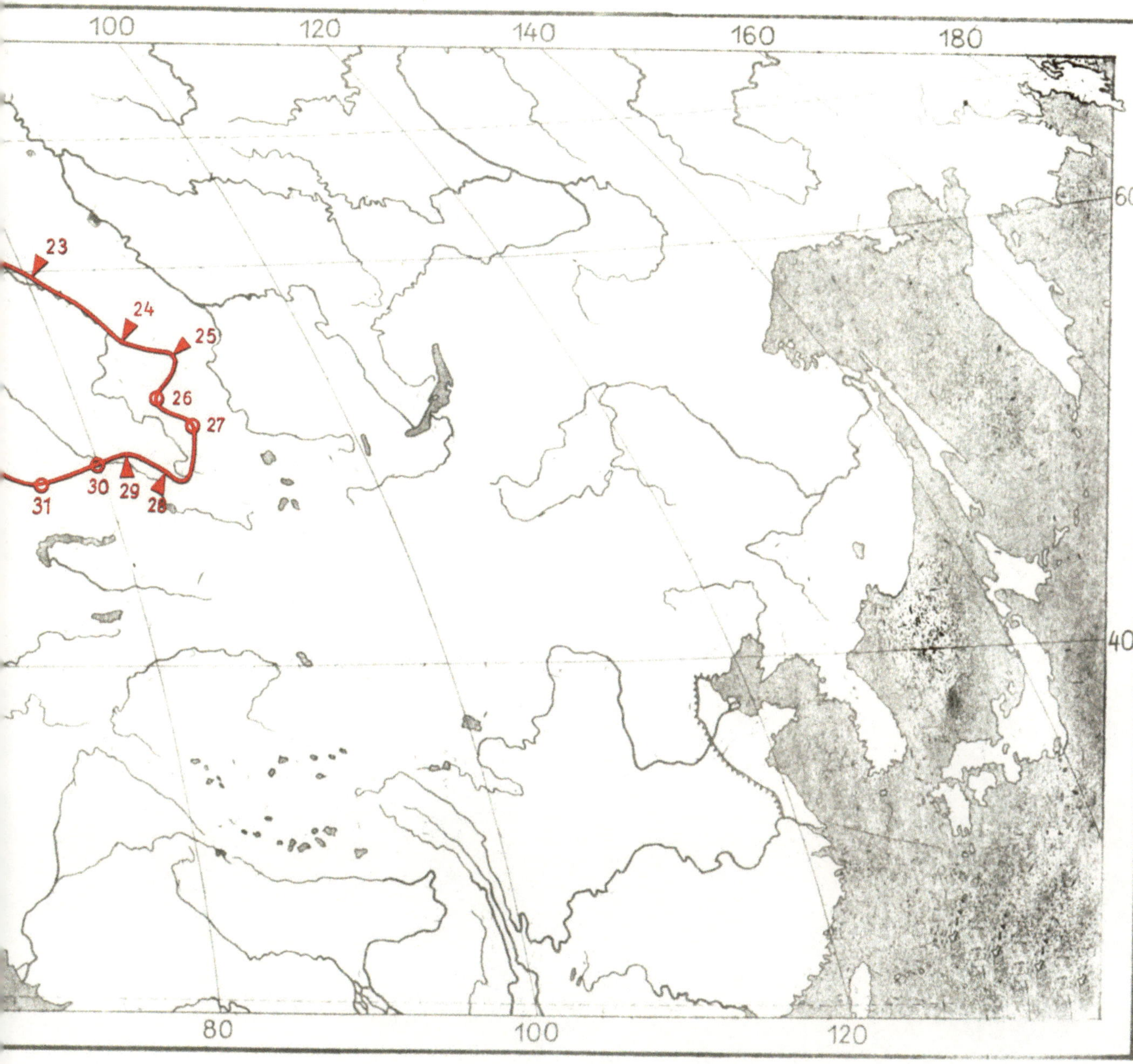

29. Berezowka — A — Poljakow 1914
30. Semej-Tau — A — Selewin 1935
31. Karakalinsker Wälder — B — Selewin 1935
32. Akmolinsk — A — Derewjagin 1947
33. Zerenda-See — Bs — Kuzmina 1970
34. Baschkirisches Naturschutzgebiet — Bs — Kirikow 1952
35. Schajtan-Tau — Bc — Filomow 1965
36. Flüsse Ilek u. Jakschu-Kargala — A — Zarudnyj 1888
37. Buramoje — A — Zarudnyj 1888
38. Tschelpan-Rubeshka — B — Dubinin 1953
39. Kolowertnoje-Budarino — B — Dubinin 1953
40. Dshanybek-Elton — B — Woltschaneckiy et al. 1950
41. Urda u. Bogdo — B — Melnitschenko 1938
42. Larsi — A — Böhme 1926
43. Kotlarewskaja — N — Radischtschew 1926
44. Prochladny — A — Portenko brfl. 1970
45. Pjatigorsk — BsN Böhme 1958
46. Wälder nahe Stawropol — A — Woltschaneckiy 1959
47. Fluß Laba bei Chatashukaja — A — Rossikow 1890
48. Fluß Laba bei Krasnodar — A — Rossikow 1890

Nr.	Gebiet		Quelle
49.	Kreis Rostow	Bs	SARANDINAKI 1908
50.	Shdanow-Rayon	B	BOROWIKOW 1907
51.	Nowowasilewka u. Akimowka	B	ORLOW 1955
52.	Askania Nowa	B	DERGUNOW 1928
53.	Donuzlaw (= Ewpatoria)	B	MOLTSCHANOW 1906
54.	Golaja Pristanj	B	KLIMENKO 1950
55.	Sewerinowka	B	NAZARENKO 1957
56.	Wilkowo	Bc	WOINSTWENSKIY 1953
57.	Tschernawoda	A	TUCHSCHERER u. FÖRSTER 1965
58.	Rumänisches Donauufer	B	STRESEMANN 1948
59.	Arad	B	v. HOMEYER 1893
60.	W Siebenbürgen	B	ZEYK 1920
61.	Satoralja Ujhely	B	WARGA 1929/30
62.	Losoncz	B	STRESEMANN 1948
63.	Krakau	B	SCHAUER 1878
64.	Obra-Bruch	B	HAMMLING u. SCHULZ 1911
65.	Warthebruch zw. Küstrin (= Kostrzyn) u. Landsberg (= Gorzów)	B	RUTHKE 1943
66.	Templin	B	WEBER 1955
67.	Müritzsee	B	KUHK 1939
68.	Ludwigslust	B	KUHK 1939
69.	Schweriner See	B	KUHK 1939
70.	W Hamburger Raum	B	LEUSCHNER 1974
71.	Kiel	B	LUNAU 1941
72.	Flensburger Förde	B	EMEIS 1920
73.	Vejle	B	JESPERSEN 1920
74.	Randers	B	JESPERSEN 1920

LITERATUR

ANDERSSON 1972 Fåglar i Stockholmstrakten 1, 7–9.
BACKMAN 1886 Medd. Soc. Fauna Flora Fenn. 15, 45.
BIANCHI 1916 Avifauna Olenezk. gub. 82.
BÖHME 1926 Bull. Sci. Inst. Expl. Reg. Caucase Nord 1, 128.
BÖHME 1958 Zap. Sew.-Oset. Ped. Inst. 23, 173.
BOROWIKOW 1907 Sborn. stud. biol. Noworossisk. Uniw. 2, 141.
CHACHLOW 1937 Zap. Perm. Ped. Inst. 1, 228.
DANILOW 1954 Pticy Sredn. Mala i Zaurala. Diss. 309.
DEREWJAGIN 1947 Izw. Akad. Nauk Kazach. SSR. Zool. 6, 89.
DERGUNOW 1928 Stepnoj zapow. Tschapli-Askania Nowa. Moskau. 208–209.
DOLGUSCHIN 1951 Izw. Akad. Nauk Kazach. SSR. Zool. 10, 114.
DUBININ 1953 Trudy Inst. Lesa. 18, 48.
DUBININ u. TOROPANOWA 1956 Trudy Inst. Lesa. 32, 30–31; 162; 198; 206.
DUSCHIN 1935 Zap. Gork. Uniw. 4, 40.
EMEIS 1928 Orn. Mber. 36, 33–35.
EMMRICH 1971 Zool. Abh. Mus. Tierk. Dresden 32, 57–58.
FILOMOW 1965 Ornitologija 7, 64.
GROTE 1936 Orn. Mber. 44, 97–100.
HAMMLING u. SCHULZ 1911 J. Orn. 59, 591.
HARTERT 1910 Vögel paläarkt. Fauna. Berlin. 1, 737.
HILPRECHT 1965 Nachtigall u. Sprosser. Wittenberg.
HOLMBRING 1972 Vår Fågelv. 31,16–19.
v. HOMEYER 1893 Orn. Mschr. 73.
JESPERSEN 1920 Dansk Orn. Foren. Tidsskr. 15, 1–24.
JOHANSEN 1955 J. Orn. 96, 65–67.
KIRIKOW 1952 Pticy i mlek. jushn. Urala. Moskwa. 232.
KLIMENKO 1950 Trudy Tschernomorsk. zapow. 1, 51.
KORELOW 1961 Trudy Inst. Zool. Akad. Nauk Kazach. SSR. 14, 89.
KUHK 1939 Vögel Mecklenburgs. Güstrow. 114–118.
KUZJMINA 1970 Pticy Kazachstana. Alma-Ata. 3. 607.
LARIONOW 1926 Izw. Tomsk. Uniw. 78, 8.
LEUSCHNER 1974 Hamburger avifaun. Beiträge 12, 1–16.
LÖSCHAU 1970 Orn. Mitt. 22, 205–206.
LUNAU 1941 Orn. Mber. 49, 57.
MELNITSCHENKO 1938 Zap. Kujbyschewsk. Ped. Inst. 1, 11; 13; 17; 19.
MERIKALLIO 1958 Finnish Birds. Helsinki. 136.
MEWES 1886 Ornis 2, 204.
MOLTSCHANOW 1906 Mat. Fauna Flora Ross. 7, 6; 7.
MOREAU 1961 Ibis 103a, 161–162.
NAZARENKO 1957 Praz. Odess. Uniw. 147, 205.
NEUFELDT 1958 Trudy Zool. Inst. Akad. Nauk SSSR 25, 239.
NIETHAMMER 1937 Handb. dtsch. Vogelkunde. Leipzig 1. 417–420.
ORLOW 1955 Zap. Melitopolsk. Ped. Inst. 2, 4; 5; 6, 8.
POLJAKOW 1914 Ausflug Saissan-nor u. Marka-kul. Moskwa. 137.
RADISCHTSCHEW 1926 Bull. Inst. Explor. Caucase Nord 1, 140.
ROSSIKOW 1890 Izw. Geogr. Ob. 26, 10; 11.
RUTHKE 1943 Orn. Mber. 51, 52.
SABANEJEW 1874 Pozwon. Sredn. Urala. Moskwa. 95.
SARANDINAKI 1908 Sborn. Stud. Biol. Noworossisk. Uniw. 4, 70.
SCHAUER 1878 Mitt. Orn. Ver. Wien. 2, 71.
SCHMIDT 1975 Gefied. Welt 99, 151–152.
SELEWIN 1935 Bjull. Sredneaz. Uniw. 21, 134.
SOKOLOW 1941 Ornitofauna bass. Suchony (Diss.) 172.
STARCK 1970 Luscinia 41, 97.
STRESEMANN 1948 Orn. Ber. 1, 193–222.
SUSHKIN 1938 Birds Soviet Altai. Moscow–Leningrad. 2, 212.
TARUNIN 1928 Uragus 3–4, 14.
TUCHSCHERER u. FÖRSTER 1965 Falke 12, 240.
VAURIE 1959 Birds palearct. Fauna. Passeriformes. London. 378–79.
VOOUS 1965 Vogelwelt Europas. Hamburg–Berlin. 219.
WARGA 1929/30 Aquila 36–37, 136.
WDOWKIN 1941 Zametki Fauna Flora Sibir. 4, 5.
WEBER 1955 J. Orn. 96, 207–209.
WOINSTWENSKIJ 1953 Trudy Zool. Muz. Kiiwsk. Uniw. 3, 72.
WOLTSCHANECKIJ 1959 Trudy Inst. Biol. i Biol. Fak. Charkow. Uniw. 28, 33.
WOLTSCHANECKIJ, et al. 1950 Zool. Sh. 29, 505.
WORONCOW 1949 Pticy Kamsk. Priuralja. Gorki. 88.
ZALESSKIJ 1921 Westn. Tomsk. Ornitol. Ob. 1, 160.
ZALESSKIJ 1930 Trudy Ob. izutsch. Sibir. Nowosibirsk. 5, 42.
ZARUDNY 1888 Mem. Acad Sci. St.-Pétersb. 57 (Erg.-Bd. 1), 49.
ZEYK 1920 Aquila 27, 203.
ZINK 1973 Zug europ. Singvögel. 1. Lfg. Radolfzell.

Luscinia luscinia (Linné)

Sprosser

Verbreitung

Die subspezifisch nicht gegliederte (vgl. JOHANSEN 1955) Art ist im wesentlichen zentral-paläarktisch verbreitet und bewohnt die boreale, gemäßigte und Steppenzone, die Juli-Isothermen von 17 °C im Norden und 25 °C im Süden begrenzen das Vorkommen (s. auch VOOUS 1963). Die nordwestliche Arealgrenze schwankt, in den vergangenen 100 Jahren hat sich ihr Verlauf lokal erheblich verändert; noch immer dringt *Luscinia luscinia* von ihrem Verbreitungszentrum, der europäischen Sowjetunion und Westsibirien, nach Westen vor. HOLMBRING (1972) vermerkt, daß sich Sprosser in der Provinz Ostgöterland von der Küste landeinwärts im Bereich der Flüsse und Seen zwischen 1950 und 1970 deutlich ausgebreitet haben. KUHK (1939) konstatierte für Mecklenburg um die Jahrhunderwende eine kräftige Invasionswelle bis ins mittlere Mecklenburg hinein. Gleichzeitig sei die Nachtigall nach Westen und Süden zurückgewichen. Für Schleswig-Holstein hatte sich laut EMEIS (1928) ergeben, daß die Species als Brutvogel von Nordosten her über die dänischen Inseln den nördlichen Teil zu besiedeln begann, während die von Südwesten her eingedrungene Nachtigall nur die Mitte des Landes erreicht hatte und dem eigentlichen Dänemark fehlte

Daß diese Bewegung sich fortsetzt, erweisen neuere Beobachtungen im mittleren Schweden (ANDERSSON 1972) und solche für den Hamburger Raum (LEUSCHNER 1974). Gelegentliches Auftreten in Westeuropa (z.B. 1968 erstmals in Hessen [Enkheimer Ried], s. STARCK 1970) ist bedeutungslos, da Brüten unnachweisbar bleibt (vgl. schon HARTERT 1910). Allerdings erweitert die Art ein schlauchartiges norddeutsches Brutareal nach Süden — 2 ad. mit 3—4 juv. am Tegeler Fließ, 6. Juli 1970, vgl. LÖSCHAU 1970.

An seiner europäischen Südgrenze hat der Sprosser Gelände verloren. Dies ist anthropogen: „Noch vor 150 Jahren hat der Sprosser in Mitteleuropa ein viel größeres Areal besetzt gehalten und würde es gewiß behauptet haben, wenn ihm nicht sein Ruf, der König der gefiederten Sänger zu sein, verderblich geworden wäre ... er hat noch bis in die erste Hälfte des vorigen Jahrhunderts in den Donau-Auen von Niederösterreich und Ungarn, an der March und an der Thaya, ferner im Gebiet der mittleren Elbe gebrütet. Die Vogelfänger haben ihn dort ausgerottet" (STRESEMANN 1948). Über die Gründe der Abnahme des Sprossers in Ungarn siehe bei SCHMIDT (1975).

Im Osten ist die Art über das mittlere Westsibirien bis etwa zum 91.° östl. Länge verbreitet und kommt auch im Nordaltai vor (vgl. JOHANSEN 1955).

Im südlichen sowjetischen Mittelasien angetroffene Sprosser — Fluß Bojaldyr (DOLGUSCHIN 1951), Rayon Dshungar (KORELOW 1961) und N Dshungarischer Alatau (KUZJMINA 1970) — sind nach PORTENKO (brfl.) unverpaarte Stücke. „Sie singen, vermehren sich aber nicht."

Spezialkarten der Verbreitung bei EMEIS 1928 (westliche Ostsee), KUHK 1939 (Mecklenburg), WEBER 1955 (Mecklenburg) und LEUSCHNER 1974 (Raum Hamburg).

Oekologie

Siehe „Oekologie" bei *Luscinia megarhynchos*.

Die dort vorgenommene Generalisierung der ökologischen Ansprüche bzw. Differenzen beider Species möge durch das folgende Zitat (KUHK 1939) ergänzt werden: „Die Nachtigall bewohnt in Mecklenburg mit Vorliebe die Gebüsche der Gärten, Parks und Friedhöfe, ferner buschreiche Laubwaldränder und dichte Hecken. Die Nähe des Wassers wird zwar bevorzugt, doch spielt die Bodenfeuchtigkeit keine ausschlaggebende Rolle. Der Sprosser hingegen findet sich durchweg an Stellen mit quelligem Untergrund und üppiger Bodenvegetation, nämlich in den Weiden- und Erlengebüschen der Niederungsmoore und Seeufer, also im Bruch- und Erlenwald ... Im reinen Sprossergebiet werden aber auch die für die Nachtigall charakteristischen Örtlichkeiten von *Luscinia luscinia* bewohnt, wenn auch in geringerer Ortsdichte als sonst von der Nachtigall ... Jedenfalls besetzt der Sprosser bei seiner Einwanderung zunächst die für ihn als kennzeichnend angeführten Stellen, erst nach Auffüllung dieses Lebensraumes stellt er sich im trockneren Park- und Gartenland ein." — Einen interessanten Hinweis auf die Bindung des Sprossers an eine dichte Krautschicht als Brutsubstrat gibt EMMRICH (1971) anhand von ernährungsbiologischen Untersuchungen auf Hiddensee: „Wohl wichtigste Voraussetzung für das Brüten des Sprossers auf Hiddensee ist das Vorhandensein von Biotopen mit einer geeigneten Vegetationsstruktur. Im oben genannten Gebiet (NSG „Dornbusch und Altbessin" — K. W.) ist innerhalb weiter und relativ unzugänglicher Gebüschdickichte eine hohe sowie dichte Krautschicht ausgebildet, welche, bedingt infolge der Stickstoffanreicherung im Boden (Sanddorn-Symbionten bzw. starker Anfall von Kaninchenkot), zahlreiche nitratliebende Pflanzen wie z.B. Brennesseln enthält, und welche günstige Bedingungen zur Anlage der Nester bietet. Dort, wo auf Hiddenssee solche Vegetationsstrukturen gegeben sind, siedelt sich der Sprosser auch außerhalb der Nähe von Gewässern an."

In Westsibirien (vgl. JOHANSEN 1955) pflegen die feuchten, dichten, fast undurchdringlichen Weiden- und Buschbewachsungen längs Flüssen und Altwässern am ehesten Bruthabitat zu sein. „In den steppigen Gebieten kommen sie in den Birken-Espen-Hainen und in den Städten, z. B. in Tomsk, in Parks und größeren Gärten vor.“

Die Daten der frühjährlichen Erstbeobachtung an der Südwestgrenze (Rumänien) und im Ostareal (Tomsk) differiere um etwa 1 Monat: hier ist es im Mittel der 17. Mai, dort bereits der 14. April. Dies trifft analog auf Brutgeschäft und Weg zug zu; nach ZINK (1973) geschieht dieser im Westen von Ende Juli bis September, nach JOHANSEN (1955) beginnt er in Osten ungefähr Mitte August.

Wanderungen

Aus dem westlichen Areal nach Südosten abwandernder — was seiner östlichen Herkunft entspricht — Zugvogel, de (nach ZINK 1973) in „Ostafrika von Kenia, eventuell schon vom Südsudan, südwärts bis Natal“ überwintert. Ostafrik werde östlich von 25° E gewonnen, also nur in Ägypten. Westlichster Punkt ist (nach MOREAU 1961) Matruh. „Um di Überwinterungsgebiete zu erreichen, müssen die Vögel der westlichen Ostseeländer im östlichen Mittelmeer oder in Nord afrika eine leichte Richtungsänderung nach S durchführen. STRESEMANN vermutet Schleifenzug, bei dem auf dem Herbstzu eine mehr östliche Route eingehalten wird“ (ZINK, l. c.).

Nachtigall und Sprosser schließen sich in ihren Wintervorkommen offenbar weitgehend aus (vgl. GROTE 1936). Aller dings haben die östlichen Subspecies von *Luscinia megarhynchos* ihr Winterquartier stellenweise neben dem Sprosser (Kenia Uganda, ehemaliges nördliches Tanganyika). „In der Hauptmasse aber überwintert er noch weiter im Süden, wohin ihn keine Nachtigall folgt“ (STRESEMANN 1948).

VI

1977

Erithacus akahige (Temminck)

bearbeitet von

E. v. VIETINGHOFF-SCHEEL und K. WUNDERLICH

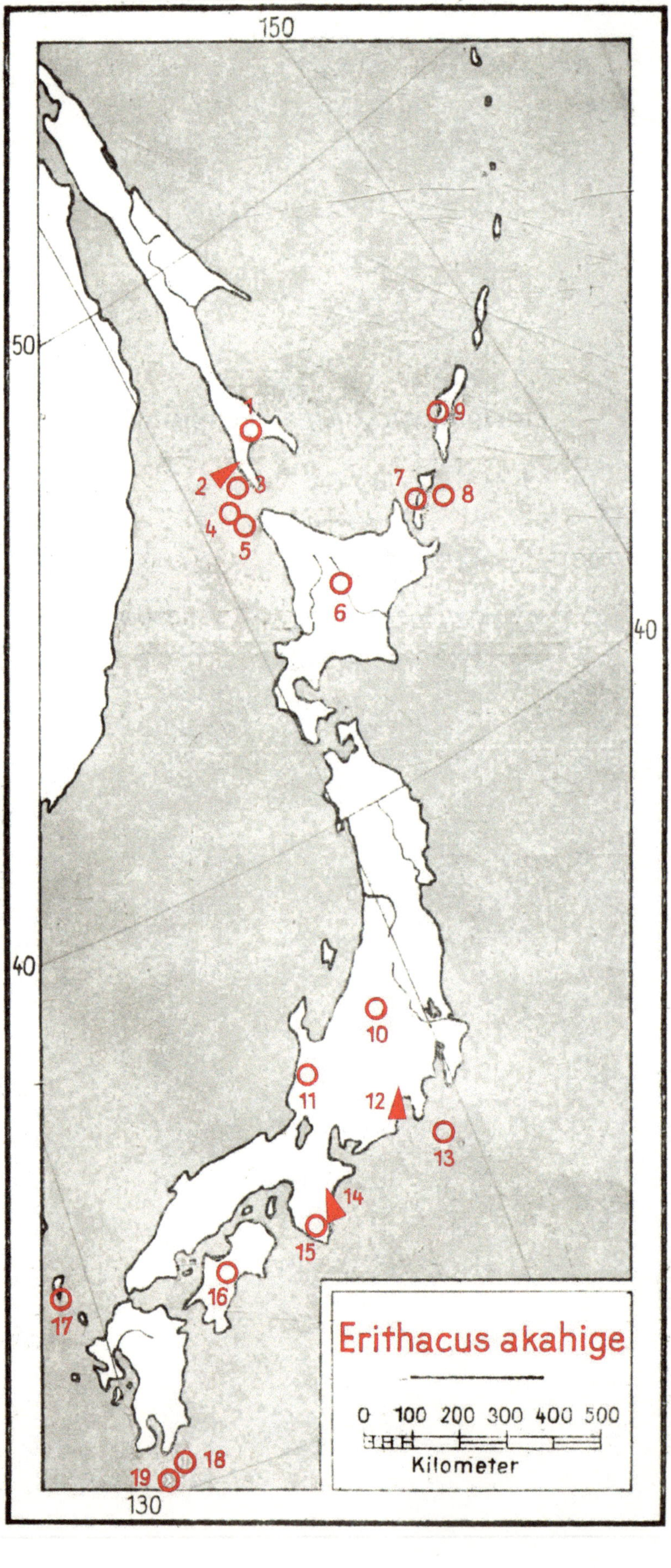
150
50
40
40
130
1
2
3
4
5
6
7
8
9
10
11
12
13
14
15
16
17
18
19
Erithacus akahige
0 100 200 300 400 500
Kilometer

FUNDORTLISTE

1. Fluß Sona (Jushn. Sachal. Zapowednik)	A	GIZENKO 1955
2. Newelsk	A	GIZENKO 1955
3. Moneron	B	GIZENKO 1955
4. Rebun	Ac	AUSTIN u. KURODA 1953
5. Rishiri	Ac	AUSTIN u. KURODA 1953
6. Hokkaido	A	AUSTIN u. KURODA 1953
7. Kunaschiri	A	BERGMAN 1935
8. Schikotan	As	GIZENKO 1955
9. Yeterofu	Jc	BERGMAN 1935
10. Mittel-Hondo	A	JAHN 1942
11. Japanische Alpen	Ac	JAHN 1942
12. Fuji-Berg	Ac	AUSTIN u. KURODA 1953
13. „Sieben Inseln" (Izu)	A	JAHN 1942
14. Odaigahara-Berg	A	JAHN 1942
15. Wakayama-Halbinsel	A	JAHN 1942
16. Shikoku	A	AUSTIN u. KURODA 1953
17. Tsushima (22. III.)		KURODA 1922, 1923
18. Tanegashima	A	KURODA 1932
19. Yakushima	A	JAHN 1942

LITERATUR

AUSTIN u. KURODA 1953 — Bull. Mus. comp. Zool. Harvard 109, 539.
BERGMAN 1953 — Nordostasiat. Vögel. Stockholm. 204–205.
GIZENKO 1955 — Pticy Sachalinsk. Obl. Moskwa. 294.
HACHISUKA u. UDAGAWA 1951 — Quart. J. Taiwan Mus. 4, 70.
JAHN 1942 — J. Orn. 90, 185–187.
KURODA 1922 — Ibis (11) 4, 105.
KURODA 1923 — Bull. Brit. Orn. Cl. 43, 106.
KURODA 1932 — Novit. Zool. 37, 395.
KURODA 1965 — Miscell. Rep. Yamashina Inst. Orn. 4, 3/4, 221.
LACK 1954 — Ibis 96, 313.
NETSCHAJEW 1969 — Pticy jushn. Kurilsk. Ostr. Leningrad. 154.
RICKETT 1900 — Ibis (7) 6, 53.
VAURIE 1955 — Amer. Mus. Novit. 1731/4, 2; 3; 5.
VAURIE 1959 — Birds palearct. Fauna. Passeriformes. London. 387.
YAMASHINA 1941 — Transactions Biogeogr. Soc. Japan 3/3, 328.

Erithacus akahige (Temminck)

Japan-Rotkehlchen

Verwandtschaft und Gliederung

Mit *Erithacus komadori* (Temminck) von den Inseln zwischen Kiuschiu und Taiwan nächstverwandt.

Es werden die Nominatform *E. a. akahige* und *E. a. tanensis* Kuroda unterschieden. Diese ist in beiden Geschlechtern oberseits und auf den Flügel- und Schwanzfedern dunkler als jene, ihre Weibchen sind in der Kehlgegend blasser und stumpfer. Neuerdings hat KURODA (1965) die Vögel von Rishiri und Rebun (NW Hokkaido) als subsp. nov. *E. a. rishiriensis* beschrieben. Deren männliche Stücke heben sich von denen der Nominatform von Honshu durch eine deutlich olivfarbene Tönung der — sonst rötlichbraunen — Oberseite, beginnend auf dem Scheitel, ab: „... the Rishiri Japanese Robin shows more beautiful colour contrast than in generally deeper coloured Honshu birds" (KURODA l. c.). Es bleibt abzuwarten, ob *rishiriensis* nicht doch mit *akahige* synonymisiert werden muß. Die Diskussion über die Gattungszugehörigkeit der Art ist noch im Gange (vgl. VAURIE 1955, p. 2 u. 3); man findet den Vogel sowohl im Genus *Erithacus* als auch zu *Luscinia* gestellt. Für das letztere machte LACK (1954) „alarm calls like those of the Nightingale" geltend. Eingedenk der geographischen Variabilität von Stimmäußerungen einer Art (VAURIE l. c.) scheint dies nicht prinzipiell zwingend. Färbung und Farbmuster der Männchen weisen die Species nachdrücklich zu *Erithacus*, weitere morphologisch signifikante Merkmale (Schnabel, Nasenlöcher, Zehen, Schwingenformel— vgl. YAMASHINA 1941, p. 328) lassen sie von allen Angehörigen der Gattung *Luscinia* abrücken.

Verbreitung

Obwohl für die japanischen Inseln und Sachalin als Brutvogel endemisch, nicht selten als gewöhnlich charakterisiert und als gern gekäfigter Sänger populär, erwies sich *E. akahige* nach Fundorten literarisch auffallend wenig belegt. Insofern scheint unser Kartenbild nicht völlig repräsentativ und möge allgemein wie folgt ergänzt werden: Die Nominatform kommt vor auf Sachalin, den südlichen Kurilen, Hokkaido und benachbarten Inseln, Hondo und Shikoku. *E. a. tanensis* bewohnt die Izu-Inseln und Yakushima, möglicherweise Tanegashima (siehe VAURIE 1955 u. 1959).

Was die vertikale Verbreitung angeht, so nennt JAHN (1942) die Art einen ausgesprochenen Gebirgsvogel, der auf den japanischen Hauptinseln nicht unter der 100 m-Grenze anzutreffen sei, somit in den küstennahen Gebieten, die den Sieben Inseln (von Izu) gegenüberliegen, nicht vorhanden. Die Subspecies *tanensis* lebe auf den Sieben Inseln vom Meeresniveau an aufwärts. In Mittelhondo treffe man die meisten Vögel zwischen 1500 m und 2000 m, sie gingen jedoch noch höher, bis in die Nähe der Waldgrenze, hinauf. AUSTIN und KURODA (1953) geben für Hokkaido 2000 — 4000 Fuß, für Honshu 300 — 700 Fuß und für Shikoku 5000—6000 Fuß Höhe an. Am Fuji sei die Art zwischen 4500 und 5500 Fuß Höhe gewöhnlich.

The Ornithological Society of Japan (1958) verzeichnet in „A Hand-List of the Japanese Birds" ihr Auftreten von 600—1600 m auf dem Daisetsuzan.

NETSCHAJEW (1969) beobachtete sie auf Kunaschir bis zur Baumgrenze, wo Latschen- und Erlenhorste mit ausgedehnten Bambusrasen alternieren.

Oekologie

„Als reiner Waldvogel bewohnte *Luscinia a. akahige* die montanen und subalpinen Misch- und Nadelwälder der höheren Gebirge. Da im westlichen Japan — in im allgemeinen zu niedrigen Höhenlagen — derartige Vegetationszonen fehlen, kommt sie dort nur noch an einzelnen isolierten Gebirgskomplexen vor. . . Am häufigsten traf ich sie in den Alpen an, außerdem aber in allen anderen Gebirgen, jedoch nirgends in großer Zahl. Der Biotop ist überall der gleiche: *Sasa*-Dschungel im Unterholz des Hochwaldes oder Ufergestrüpp am Rande von Bergbächen innerhalb des Waldes. Die Vorliebe für Bäche ist sehr auffallend; am Fuji kommt die Art nur an der Südseite vor, nur dort finden sich kleine Wasserläufe in subalpinen Lagen" (JAHN 1942). Nach BERGMAN (1935) hielt sie sich auf Kunaschir und Yeterofu „gern im Dunkel des Waldes auf, wo sie sich auf dem Erdboden oder niedrig zwischen den Bäumen bewegt. Im Wald mit Bambusgras und Unterholz fand ich sie oft auf Fußsteigen, wo sie weite Strecken hüpfend vor dem Wanderer zurücklegte". NETSCHAJEW registrierte in den frühen 60er Jahren auf Kunaschir die Species als Brutvogel in dunklen abgelegenen Partien von Fichten-Tannenwäldern, häufig nahe montanen Quellgebieten und Bachläufen, die von üppigen Bambusen und hohem Gras gesäumt waren. GIZENKO (1955) vermerkt für Moneron und Sachalin, daß sich die Art in den Flußtälern aufhalte, inmitten dichter, schattiger Wälder aus Birken, *Phellodendron amurense, Ulmus effusa,* auch solchen aus Eichen und Erlen mit eingestreuten Fichten und Tannen.

Ausführliche Angaben zu Lebensweise und Fortpflanzungsbiologie dieses heimlichen Vogels machen JAHN (l. c.), AUSTIN und KURODA (1953) und NETSCHAJEW (1969).

Das Japan-Rotkehlchen und der ihm nächstverwandte Erdsänger *Erithacus komadori* sind allopatrisch. Dieser vertritt jenes südlich der Hauptinseln.

Wanderungen

Nach JAHN (l. c.) reiner Sommervogel, der Japan im Winter verläßt. Erstbeobachtungen auf den Kurilen Mitte Mai, im zentralen Honshu schon Mitte April, herbstlicher Abzug im Oktober. Die Zugbewegung ist bislang gering dokumentiert (siehe VAURIE 1955), ebenso das Winterquartier in Südostchina (Fukien), vgl. RICKETT (1900). Streichend bis Taiwan (siehe HACHISUKA u. UDAGAWA 1951) und Nordhopeh gefunden.

VI

1977

Prunella rubeculoides (Horsfield u. Moore)

bearbeitet von

E. v. VIETINGHOFF-SCHEEL

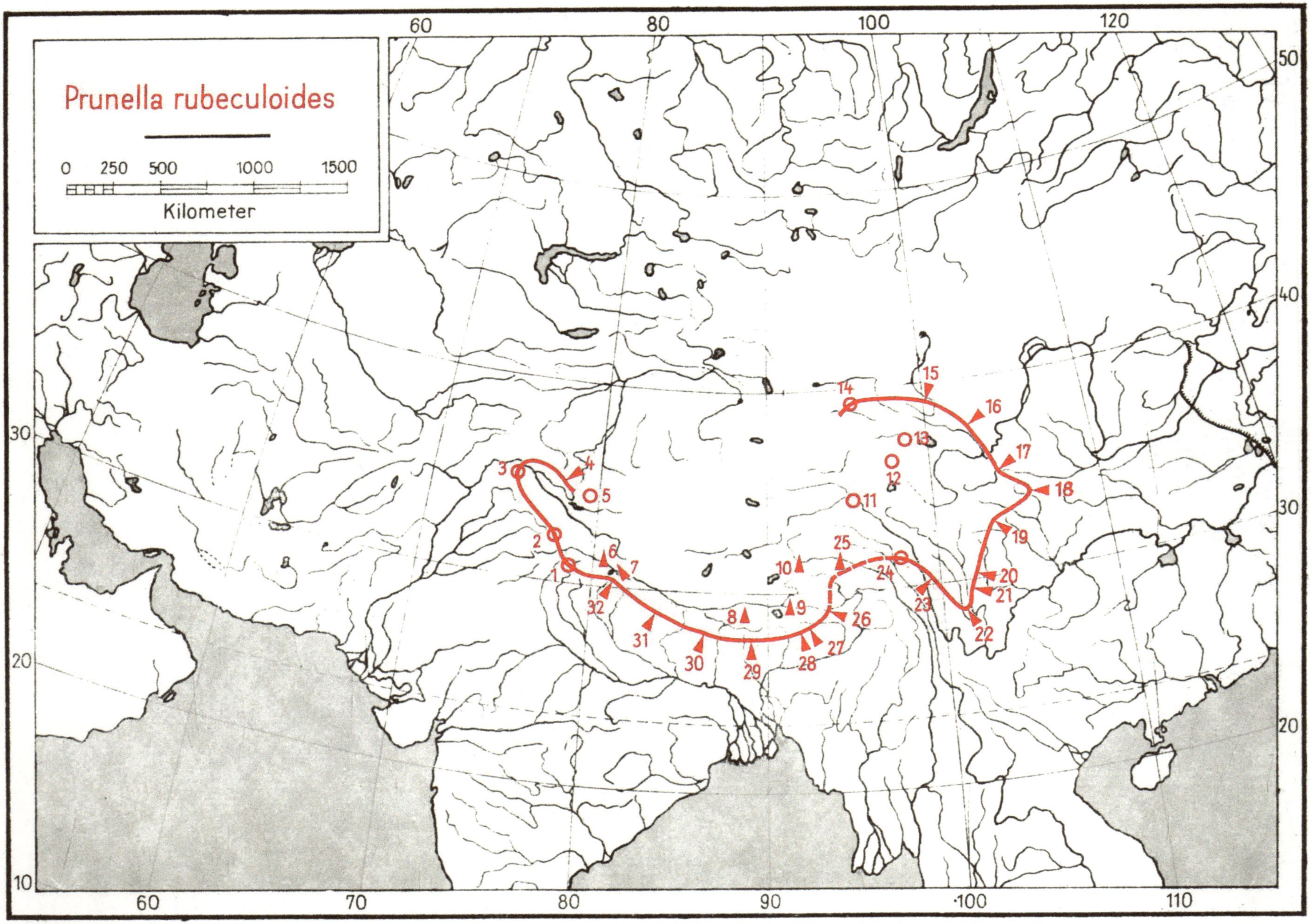
Prunella rubeculoides
0 250 500 1000 1500
Kilometer
60
80
100
120
60
70
80
90
·100
110
50
40
30
20
10
30
20
1
2
3
4
5
6
7
8
9
10
11
12
13
14
15
16
17
18
19
20
21
22
23
24
25
26
27
28
29
30
31
32

FUNDORTLISTE

Nr.	Fundort		Quelle
1.	Tehri-Garhwal	Ns	LAMPREY 1954/55
2.	Oberes Chandra-Tal (zw. Dopo Yogma u. Chandra-See)	N	WHISTLER 1925
—	Deosai-Plateau	Jc	MEINERTZHAGEN 1927, MARIEN 1951
3.	Astor-Tal	A	BIDDULPH 1882, MEINERTZHAGEN 1926
—	Tale-Paß	J	MARIEN 1951
4.	Tutyalak	Ac	MEINERTZHAGEN 1927
5.	Changchenmo	A	MEINERTZHAGEN 1927
6.	Gartok (19. IX.)		Coll. Brit. Mus. Nat. Hist. (VAURIE mdl.)
7.	Diraphuk	A	ALI 1946
—	Kailas	N	LAVKUMAR 1954/55
8.	Schigatse	A	SCHÄFER unveröffentl.
—	Rinpung (20. IV.)	A	SCHÄFER unveröffentl.
9.	Lhasa	Ac	LUDLOW 1950
—	Tsetang (= Chetang; 15.IV.)		SCHÄFER unveröffentl.
10.	Omtchang-Sourkou (9. IV.)		OUSTALET 1893
11.	am Jangtse-kiang bei Lager 119	A	SCHÄFER 1938
12.	N-Hang d. Burchan-Budda-Gebirges	A	BIANCHI 1907
13.	Süd-Kukunor-Gebirge	A	Coll. Zool. Inst. Leningr. (VAURIE mdl.)
14.	Humboldt-Gebirge	A	Coll. Zool. Inst. Leningr. (VAURIE mdl.)
15.	Matisse (10.—16. IV.)		PLESKE 1892
16.	Gu-lanj-sjanj (23. I.)		BIANCHI 1907
17.	Ta-chej-gou (Ende XI.)		BEREZOWSKI u. BIANCHI 1891
18.	Lanj-dzja-kou (Ende III./Anf. IV.)		BEREZOWSKI u. BIANCHI 1891
—	Sung-pan (XI.)		STYAN 1899
19.	Tung-pei (XI.)		STYAN 1899
20.	W Tatsienlu	Ac	SCHÄFER 1938
—	Dschiesongla	A	RENSCH 1923
21.	N Wu-shi	A	BANGS 1932
22.	Kulu (IV.)	A	BANGS 1932
—	Litang (24. IX., 6. X.)		SCHÄFER u. MEYER DE SCHAUENSEE 1938
23.	Batang (11. XI.)		SCHÄFER u. MEYER DE SCHAUENSEE 1938
24.	Fluß Retschju (XII.)		BIANCHI 1907
25.	Aio (16. IV.)		OUSTALET 1983
26.	Kyimdong Dzong (S Tsungpo-Tal)	A	LUDLOW 1944
—	Natrampa	A	LUDLOW 1944
27.	Chayul Dzong (22. IV.)		LUDLOW 1944
28.	Tsona	A	LUDLOW u. KINNEAR 1937
29.	Yamtang	As	MEINERTZHAGEN 1927
—	Thangu	As	MEINERTZHAGEN 1927
30.	Chukhung	A	DIESSELHORST brfl. 1965
31.	Jomosom (XII.)	s	RAND u. FLEMING 1957
32.	Lipu-Lekh-Paß	A	ALI 1946

LITERATUR

ALI 1946 — J. Bombay Nat. Hist. Soc. 46, 299.
ALI 1962 — Birds Sikkim. Madras. 302.
BANGS 1932 — Publ. Field Mus. 314, Zool. Ser. 18/11, 360.
BEREZOWSKI u. BIANCHI 1891 — Aves exped. Potanini Gan-su. St.-Pétersb. 88.
BIANCHI 1907 — Aves exped. Kozlowi Mongol. Tibet. orient. St.-Pétersb. 88.
BIDDULPH 1882 — Stray Feathers 10, 270.
DIESSELHORST 1968 — Khumbu Himal. Innsbruck—München. 2, 335—337.
LAMPREY 1954/55 — J. Bombay Nat. Hist. Soc. 52, 613.
LAVKUMAR 1954/55 — J. Bombay Nat. Hist. Soc. 52, 928.
LUDLOW 1944 — Ibis 86, 192.
LUDLOW 1950 — Ibis 92, 38.
LUDLOW u. KINNEAR 1937 — Ibis (14) 1, 278.
MARIEN 1951 — Amer. Mus. Novit. 1482, 8—9.
MEINERTZHAGEN 1926 — Bull. Brit. Orn. Cl. 46, 99.
MEINERTZHAGEN 1927 — Ibis (12) 3, 596.
OSMASTON 1925 — Ibis (12) 1, 688.
OUSTALET 1893 — Nouv. Arch. Mus. Hist. Nat. Paris (5) 4, 168.
PLESKE 1892 — Mélang. Biol. Bull. Acad. Sci. St.-Pétersb. 13, 293.
PRSHEWALSKIJ 1876 — Mongolei u. Land Tanguten. St.-Pétersb. 2, 51.
RAND u. FLEMING 1957 — Fieldiana: Zool. 41/1, 182.
RENSCH 1923 — Abh. Mus. Tierk. Völkerk. Dresden 16/2, 50.
SCHÄFER 1938 — J. Orn. 86 (Sonderh.), 287—290.
SCHÄFER u. MEYER DE SCHAUENSEE 1938 — Proc. Acad. Nat. Sci. Philadelphia 40, 227.
STRESEMANN et al. 1937 — J. Orn. 85, 566.
STYAN 1899 — Ibis (7) 5, 296.
WHISTLER 1925 — Ibis (12) 1, 178.

Briefliche Auskünfte erteilten:
DIESSELHORST (Nepal), WEIGOLD (Tibet), VAURIE (Tibet).

Prunella rubeculoides (Horsfield u. Moore)

Rotkehlbraunelle

Verbreitung und Gliederung

Das Areal der Art erstreckt sich von Kashmir nach Osten bis Kansu, stets den südlichen und östlichen Grenzgebirgen Zentralasiens folgend. Es sind zwei Unterarten bekannt: Die westliche *Prunella rubeculoides muraria* (Meinertzhagen) mit hellerem Kopf und Rücken und die östliche *Prunella rubeculoides rubeculoides* (Moore), bei der Kopf und Rücken dunkler gefärbt sind. Marien (1951) verweist auf Exemplare aus dem Punjab, die er wegen ihrer mehr oder weniger hellen Färbung als „Zwischenformen" von *muraria* und *rubeculoides* bezeichnet.

Wie aus der Fundortliste ersichtlich ist, haben wir zur Markierung der Grenze auch einige Funde außerhalb der Brutzeit verwendet, was uns insofern gerechtfertigt schien, als die Rotkehlbraunelle, vorwiegend Standvogel, sich auch im Winter nicht weit von den aufgeführten Lokalitäten entfernen dürfte (s. Kapitel Wanderungen). Obwohl sich eine Grenzziehung zwischen den Punkten 5 und 13 anbietet, war uns die Festlegung einer solchen zu gewagt.

Oekologie

Die Rotkehlbraunelle gehört neben *Prunella fulvescens, montanella, modularis* und *ocularis* zu den typischen Bewohnern (die Braunellen-Gruppe betreffend) der hohen und höchsten Bergregionen ihres Verbreitungsgebietes und wird nur von *Prunella collaris* und *himalayana* an Höhe übertroffen.

Rensch (1923) bezeichnet sie als Charaktervogel für die tibetische Region, wo sie überall in der Zwergbuschzone von 3800 bis 4700 m häufig vorkommt. Sie bevorzugt in Tibet felsloses Zwergrhododendron- und Zwergweidengebüsch und wurde von Schäfer (1938) im Jalung-Steppengebiet öfter auch in völlig buschlosem Bültengelände (ausgetrockneten Mooren) als Brutvogel gefunden. Schäfer bezeichnet sie als „anspruchsloseste und winterhärteste" und als die einzige Braunelle, die fast deckungslose bültenreiche Faststeppengebiete besiedeln kann.

Ähnliche Angaben über den Lebensraum der Rotkehlbraunelle für Sikkim macht Ali (1962). Bevorzugte Aufenthaltsorte sind dort die nackten windschurigen Berghänge; und sogar das Plateaugelände im Norden Sikkims, in das nur vereinzelte *Caragana*-Büsche eingestreut sind, wird von ihr nicht gemieden.

Nach Osmaston (1925) ist *Prunella rubeculoides* "one of the commonest birds in Ladakh between 13, 000 and 16, 000 feet. They frequent low scrub, especially the Tibetan furze." – Auf die Habitatverhältnisse in Nepal eingehend, teilt Diesselhorst (1968) mit: „*Rubeculoides* bewohnt die blockreichen, vegetationsarmen Wannenhochtäler am Fuß der riesigen Gletscher des Khumbu. Von den Talböden steigt sie nur wenig an den seitlichen Hängen empor und dringt nicht in die völlig offene Mattenregion von *collaris* ein. Dagegen trifft sie wohl überall mit den dünnen, höchsten Ausläufern der *strophiata*-Population zusammen. Wo sich die beiden treffen, hält sich *strophiata* an die dichteren Zwergstrauchflatschen, *rubeculoides* mehr an die Blöcke und Gesteinsbrocken, zwischen denen sie, immer in Deckung, am Boden umherhuscht."

Nur wenige genaue Angaben informieren über den Ablauf des Brutgeschäftes. Während Schäfer (l. c.) in Tibet bereits am 18. März heftige Balzspiele beobachtete und schon am 7. Juni bei 4600 m das erste Nest sichtete, nimmt Diesselhorst (1968) für Nepal einen späteren Bruttermin an. Er fand am 28. Juli ein Nest in 4800 m Höhe, angelegt am Fuße eines großen Felsblockes unter Zwerggesträuch. Das Nest vom 7. 6. (Schäfer l. c.) war dicht über dem Boden zwischen einem Stein und einem überhängenden Zwergrhododendron verborgen, flachmuldig und ganz aus feinstem lichtgrünem Haarmoos zusammengefügt, so daß sich die grünlichen Eier, drei an der Zahl, kaum davon abhoben. Erst kurz vor Beginn der Regenzeit im August waren die meisten Jungvögel flugfähig. Am 3. September bemerkte Diesselhorst (l. c.) bei einem *rubeculoides*-Männchen aus Nepal einsetzende Vollmauser.

Über stimmliche Äußerungen liegen uns nur zwei Beschreibungen vor. Ali (1962) bezeichnet den Gesang als hübsches, aber schwaches „*tililili*"; Weigold (Rensch l. c.) vernahm nur unauffällige Rufe, die ihn an die der Bachstelze erinnerten.

Magenanalysen ergaben, daß die aufgenommene Nahrung fast ausschließlich aus kleinen Insekten besteht. In 10 der untersuchten Mägen wurden nur einmal kleine Samen gefunden (Diesselhorst l. c.).

Wanderungen

Die Rotkehlbraunellen führen hauptsächlich Vertikalwanderungen in ihrem Verbreitungsgebiet aus. Im Herbst steigen sie in tiefere Höhenlagen hinab und verbringen dort die Wintermonate, um im beginnenden Frühjahr wieder in ihre höher gelegenen Brutgebiete zu gelangen. Die zur Winterszeit sehr vertrauten Vögel kommen nicht selten bis in die bewohnten Täler und Ansiedlungen hinab und leben gesellig wie andere Braunellen in Schwärmen. – Im Süd-Tetung-Gebirge war *Prunella rubeculoides* nach Angabe Beicks (Stresemann et al. 1937) nur zwischen Mitte Oktober und Mitte April eine häufige Erscheinung, so daß anzunehmen ist, daß es sich hier allerdings um ein wirkliches „Winterquartier" handeln könnte, denn Brutnachweise fehlen aus dieser Gegend. Bis zum 20. April hielten sich die Rotkehlbraunellen im alpinen Strauchgürtel bei Kimar auf, danach waren sie aus dem Beobachtungsgebiet verschwunden. In diesem Zusammenhang sei auf eine Angabe Prshewalskijs (1876) hingewiesen, der von „Frühjahrszug" am Süd-Kukunor-Gebirge vom 1. März berichtet.

VI

1977

Prunella strophiata (Blyth)

bearbeitet von

E. v. VIETINGHOFF-SCHEEL

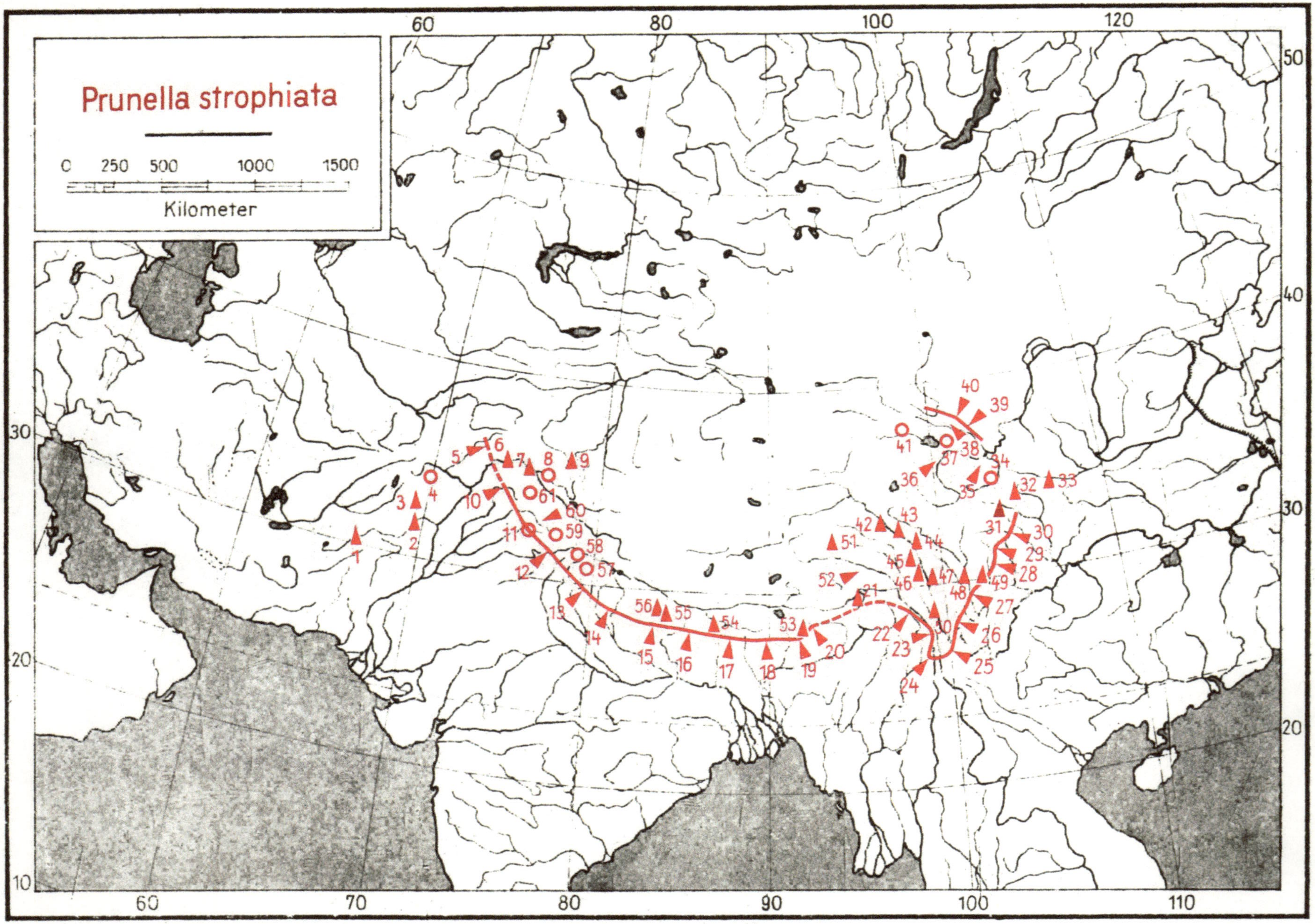
Prunella strophiata
0 250 500 1000 1500
Kilometer

FUNDORTLISTE

Nr.	Fundort		Quelle
1.	Chaman (I, III.)		Watson 1915
2.	Marwatin-Tal (S Waziristan)	A	Ticehurst 1927
3.	Sirotai (= Saroti; E Gardez)	A	Koelz 1939
4.	Safed Koh	Nc	Whitehead 1911
5.	„Shandur Plateau"	A	Biddulph 1882
6.	Gilgit	Jc	Biddulph 1881
7.	Shigar Nulla	A	Marien 1951
8.	Hundar (Shyok; 10. IX.)		Marien 1951
9.	Shahidulla	J	Hendersen u Hume 1873
10.	Gulmarg (Mitte IX)		Meinertzhagen 1927
–	Aphawat	N	Bates u. Lowther 1952
o	Chamba: Reling, Kuhti	A	Marien 1952
11.	„Kangra District"	B	Whistler 1926
12.	Simlá (Mitte XI)		Whistler 1920
13.	Sunto Rahlam Paß	A	Marien 1951
14.	Shajpur (XII)		Rand u. Fleming 1957
15	Lumpek (XI)		Rand u. Fleming 1957
16.	N Nepal-Tal (Umgebung Khatmandu)	As	Proud 1955/56
o	Khumjung	Ba	Diesselhorst brfl. 1965
17.	Patale (XII)		Rand u. Fleming 1957
18.	Changu	A	Ludlow u. Kinnear 1937
–	Sharitang	A	Ludlow u. Kinnear 1937
19.	Chungkar (14 XI)		Ludlow 1944
–	Me La	J	Ludlow u. Kinnear 1937
–	Sakden (31. III)		Ludlow 1944
20.	Mago	J	Ludlow u. Kinnear 1937
–	Molo	A	Ludlow 1944
21.	Deyang La	A	Ludlow 1951
22.	Adung-Tal	A	Kinnear 1934
–	Su-wa-tong (Berg Gomba-la)	A	Greenway 1933
23.	Changyinkku (II)		Stanford u. Mayr 1941
24.	Khambaiti Paß	A	Stanford u. Ticehurst 1938
25.	Yangpi	A	Ingram 1912
26	Lichiang-(= Li kiang-)Tal	A	Greenway 1933
–	Yung ning (III.)		Bangs 1932
27.	Kulu (IV)		Bangs 1932
28.	Waschan (Anf. IV)		Rensch 1923
29.	Moupin		David 1871
30.	Lianghokou (oberer Min-Fluß; außerh. Brutzeit)		Rensch 1923
31.	Sungpan	J	Rensch 1923
32.	Wutu Ho	A	Bangs u. Peters 1928
33.	Miao-Tai-Tsu (Tsingling-Region; 19. XI)	s	Cheng brfl. 1964
34.	Satani-Berge (XII., I., II, X)		Berezowski u. Bianchi 1891
–	Dzju-juanj (VIII.)		Berezowski u. Bianchi 1891
35.	Choni	A	Bangs u. Peters 1928
–	Min-Berge	Ac	Rensch 1923
–	Berg Kwanghei (Minshan)	J	Bangs u. Peters 1928
36.	Radja (= Radjagomba)	A	Bangs u. Peters 1928
37.	Mudjik-(= Mutschik-) Berge	A	Coll. Zool. Inst. Leningrad (Vaurie mdl.)
38.	Heitsuitse	N	Stresemann et al. 1937
39.	Tschau-tou	N	Stresemann et al. 1937
–	Desen-laka	N	Stresemann et al. 1937
–	Kimar	N	Stresemann et al. 1937
40.	Lau-hu kou	A	Stresemann et al. 1937
41.	Süd-Kuku-Nor-Gebirge	A	Coll. Zool. Inst. Leningrad (Vaurie mdl.)
42.	S Yekundo (= Lager 93)	A	Schäfer 1938
43	Denko (= Lager 58)	A	Schäfer 1938
44.	Derge	A	Schäfer 1938
45	Tschoupou	A	Oustalet 1893
46.	Tara	A	Oustalet 1893
47.	Batang (28. X.)		Schäfer u. Meyer de Schauensee 1939
48.	Hsignolo (20. IX.)		Schäfer u. Meyer de Schauensee 1939
–	Yulongshi-Tal	A	Riley 1931
49	Ramala Paß	J	Thayer u. Bangs 1912
50.	Tsalila-Paß (b. Attentsze)	Ac	Rensch 1923
51.	Aio (16 IV)		Oustalet 1893
52	Gaydzong (17. I.)		Ludlow 1951
53.	Song La	A	Ludlow 1944
54	Lepitu Kang	A	Kinnear 1922
55	Jargeng Khola	A	Lowndes 1955/56
56	Jomosom (XII)		Rand u. Fleming 1957
57	Garhwal: Temmersain	B	Lavkumar 1956
58.	Tons-Tal	Nc	Osmaston 1897
59.	Kulu (21. XI)		Marien 1951
60.	Kyelang	Ns	Whistler 1925, Marien 1951
–	Jispar	Ns	Whistler 1925
61.	Suru	N	Ludlow 1920
–	Inshan-Wardwan	A	Bates u Lowther 1952

LITERATUR

Ali 1945 — Indian Hill Birds. Bombay. 72.
Ali 1962 — Birds Sikkim. Madras 303.
Bangs 1932 — Publ. Field Mus. 314, Zool. Ser., 18/11, 360.
Bangs u. Peters 1928 — Bull. Mus Comp. Zool. Harvard 68/7, 355.
Bates u Lowther 1952 — Breeding Birds Kashmir. London 97
Berezowski u. Bianchi 1891 — Aves exped. Potanini Gan-su St Pétersb 87.
Biddulph 1880 — Stray Feathers 9, 339.
Biddulph 1882 — Ibis (4) 6, 281.
David 1871 — Ann. Mag Nat. Hist. (14) 7, 256.
Diesselhorst 1968 — Khumbu Himal. Innsbruck – München. 2. 337 – 340.
Greenway 1933 — Bull. Mus. Comp. Zool. Harvard 74/5, 122
Henderson u Hume 1873 — Lahore to Yarkand. London. 234.
Ingram 1912 — Novit. Zool. 19, 294.
Kinnear 1922 — Ibis (11) 4, 509
Kinnear 1934 — J. Bombay Nat. Hist. Soc. 37, 360.

Koelz 1939 — Proc. Biol. Soc. Washington 52, 67.
Lavkumar 1955/56 — J. Bombay Nat. Hist. Soc. 53, 323.
Lowndes 1955/56 — J. Bombay Nat. Hist. Soc. 53, 32.
Ludlow 1920 — J. Bombay Nat. Hist. Soc. 27, 144.
Ludlow 1944 — Ibis 86, 192.
Ludlow 1951 — Ibis 93, 562.
Ludlow u. Kinnear 1937 — Ibis (14) 1, 278.
Marien 1951 — Amer. Mus. Novit. 1482, 7.
Meinertzhagen 1927 — Ibis (12) 4, 63.
Osmaston 1897 — J. Bombay Nat. Hist. Soc. 11, 68.
Oustalet 1893 — Nouv. Arch. Mus. Paris 5, Ser. 4, 167.
Proud 1955/56 — J. Bombay Nat. Hist. Soc. 53, 61.
Rand u. Fleming 1957 — Fieldiana: Zool. 41/4, 182–183.
Rensch 1923 — Abh. Ber. Mus. Tierk., Völkerk. Dresden 16/2, 50.
Riley 1931 — Proc. Unit. States Nat. Mus. 80, Art. 7, 50.
Schäfer 1938 — J. Orn. 86 (Sonderh.), 290.
Schäfer u. Meyer de Schauensee 1939 — Proc. Acad. Nat. Sci. Philadelphia 40,228.
Stanford u. Mayr 1941 — Ibis (14) 5, 229.
Stanford u. Ticehurst 1938 — Ibis (14) 2, 400.
Stresemann et al. 1937 — J. Orn. 85, 567.
Thayer u. Bangs 1912 — Mem. Mus. Comp. Zool. Harvard 40/4, 175.
Ticehurst 1927 — J. Bombay Nat. Hist. Soc. 31, 711.
Watson 1915 — J. Bombay Nat. Hist. Soc. 15, 145.
Whistler 1920 — J. Bombay Nat. Hist. Soc. 27, 101.
Whistler 1925 — Ibis (12) 1, 179.
Whistler 1926 — Ibis (12) 2, 562.
Whitehead 1911 — J. Bombay Nat. Hist. Soc. 22, 784.

Briefliche Auskunft erteilte Weigold (Tibet).

Prunella strophiata (Blyth)

Strichelbraunelle

Gliederung

Gefiederzeichnung und Färbung, weniger die Größe, unterscheiden die beiden Unterarten *jerdoni* (Brooks) und *strophiata* (Blyth) voneinander. Bei der oberseits rötlicher erscheinenden Nominatform fällt besonders die dunkle Streifung der Flanken und die des Rückens bis hin zum Scheitel auf. Überaugenstreif und Brustband sind dunkler orange getönt.

Zur Verbreitung

Auch diese Braunelle ist, wie *Prunella rubeculoides*, ein Bewohner der hohen Bergregionen Südzentralasiens. Ihr Verbreitungsgebiet reicht vom Safed Koh bis nach Nord-Yunnan, im Südosten in Nordburma bis nahe an den Wendekreis des Krebses.

Eine deutliche Südgrenze markiert sich anhand der gefundenen Lokalitäten; wie die Verhältnisse allerdings am Nordhang des Himalaya, wo offenbar der Brahmaputra eine natürliche Grenze bildet, und in den tibetischen Gebirgen liegen, ist nicht genau festzustellen. Wir haben, wie schon öfter in solchen Fällen, eine Anzahl Einzelpunkte eingetragen, um die mögliche Ausbreitung anzudeuten.

Oekologie

Die sehr scheue, immer auf ausreichende Deckung bedachte *strophiata* lebt im dichten Unterholz der Montanwaldregion (s. Skizze nach Marien 1951), wo sie bis nahe zur Baumgrenze vorkommt. Bedingt durch die Höhenlage muß sie in ihrem Lebensraum mit einer nicht sehr abwechslungsreich zusammengesetzten Vegetation vorlieb nehmen, die ihr Brutmöglichkeit und Schutz bietet. Hauptsächlich ist es ein Gestrüpp aus *Juniperus*, *Lonicera*, *Berberis*, *Viburnum*, *Rhododendron*, mitunter auch Weidensträucher und Brombeerhecken. In diesem Dickicht bewegen sich die Braunellen sehr geschickt, indem sie flink von einem Busch zum anderen schlüpfen und somit ihrem Beobachter meist verborgen bleiben. Flüge über offenes Land oder über längere Strecken meiden sie. Nach Schäfer (1938) „. . . sind sie zu ausgesprochenen Bodenhuschern geworden, die man nur auf dem Ansitz zu Gesicht bekommen, sonst aber nur hören kann".

Wie scheu diese Braunellen sind, geht auch aus den Beobachtungen Diesselhorsts (1968) hervor. In Nepal, wo sie nur die freien gestrüpplosen Blockfelder nicht aufsuchen, halten sie sich selbst auf mit Zwergsträuchern bewachsenen Blockhalden auf, die ihnen bei Beunruhigung einen sicheren Schutz geben. Deshalb ist es erstaunlich, daß Ali (1945) die Strichelbraunellen in Indien sogar in „terraced hill cultivation" gefunden hat und Winterbeobachtungen anführt, nach denen die Braunellen futtersuchend an Steinmauern von Bergdörfern und in der Nähe von Häusern gesehen worden sind.

Bemerkenswerte Hinweise über Abweichungen in der Höhenverbreitung sind nicht festzustellen. Dem hochalpinen Biotop entsprechend scheint die obere Grenze im Sommer bei ungefähr 5000 m zu liegen (4900 m Khumbu-Gletscher; Diesselhorst l. c.). Im Herbst versammeln sich die Strichelbraunellen, wie manche ihrer Verwandten ohne echtes Zugverhalten, zu kleinen Trupps und suchen tiefer gelegene Regionen zum Überwintern auf. Weigold (Rensch 1923) fand sie im Hsifan-Gebiet in Lagen von 1200–2600 m als Wintergäste, während Schäfer (l. c.) sie in Tibet in „großen Massen" die tiefer gelegenen Waldtäler mit xerophilem Gebüsch aufsuchen sah und wo sie sich in den Trockentälern des Jalung und Jangtse von November bis Februar in Höhen von 2500 bis 2700 m aufhielten.

Die Brutzeit scheint im gesamten Verbreitungsgebiet in die Monate Juni bis August zu fallen. Ein Nest vom 13. 6. bei Kimar enthielt noch keine Eier; in einem unter einem Wacholderstrauch gebauten Nest bei Tschau-tou (2600 m) lagen am 27. 6. bereits drei ganz kleine Junge (STRESEMANN et al. 1937). Bei Sungpan fand WEIGOLD am 22. Juni in 3700 m Höhe im Berberitzengebüsch ein Nest, das noch unbelegt war. Wahrscheinlich um Zweitbrut handelte es sich aber bei einem Exemplar, das noch am 13. 8. bei Ralha (4200 m) Nistmaterial sammelnd von DIESSELHORST (l. c.) beobachtet wurde. Das napfförmige Nest mit meist nach innen gebogenem Rand ist ein sauber und glattgefügtes Gebilde aus Gras, Moos, Flechten, in das Härchen und Wollfasern, auch Federchen, eingewebt sind und liegt versteckt unter den Zweigen des dichten Gestrüpps. Eifarbe blau, Eizahl 2–5, meistens 3. Beide Eltern brüten und füttern (ALI 1962). Die Nahrung besteht aus Insekten, Larven, Raupen, Samen, pflanzlicher Zukost und kleinsten Steinchen.

Über die stimmlichen Äußerungen von *strophiata* sind wir wenig unterrichtet. „In the breeding season the male delivers a short pretty wren-like song, but less loud or penetrating" (ALI l. c.). BEICK vernahm Lockrufe, die wie die von *Emberiza godlewskii* klangen (STRESEMANN l. c.). Die Warnrufe sollen sich wie ein schrilles „*Zwit-twitt, twitt, twitt*" anhören (SCHÄFER l. c.).

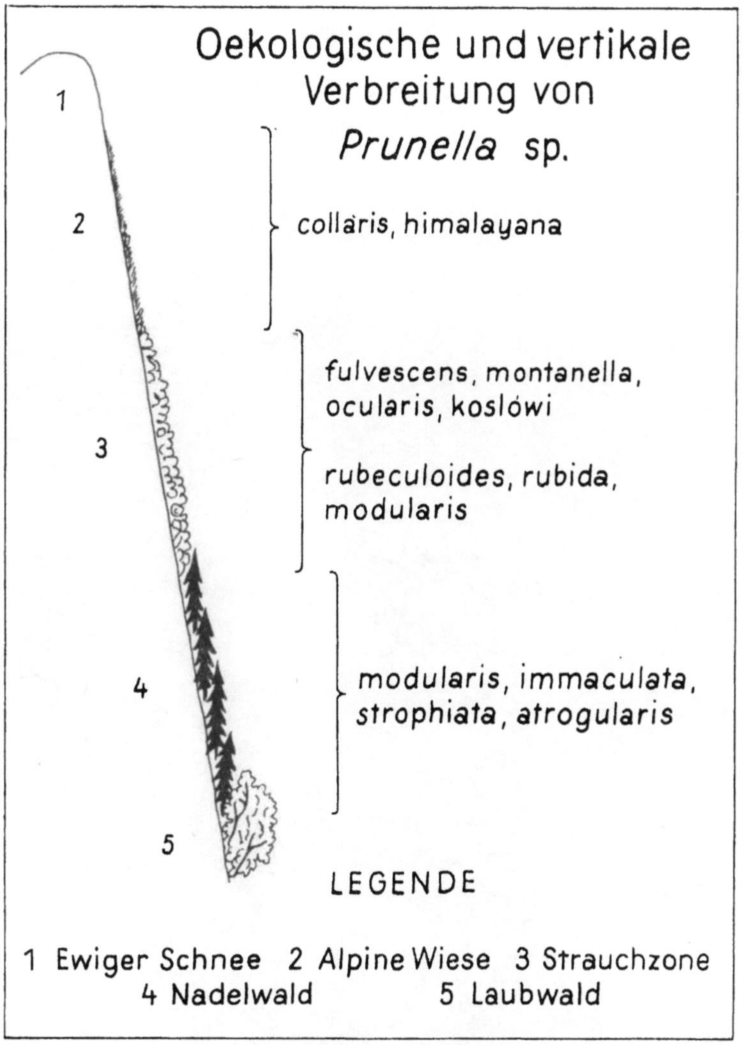

VI

1977

Prunella fulvescens (Sewertzow)

bearbeitet von

L. A PORTENKO und E. v. VIETINGHOFF-SCHEEL

Prunella ocularis (Radde)

und

Prunella fagani (Ogilvie-Grant)

bearbeitet von

L. A. PORTENKO und J STÜBS

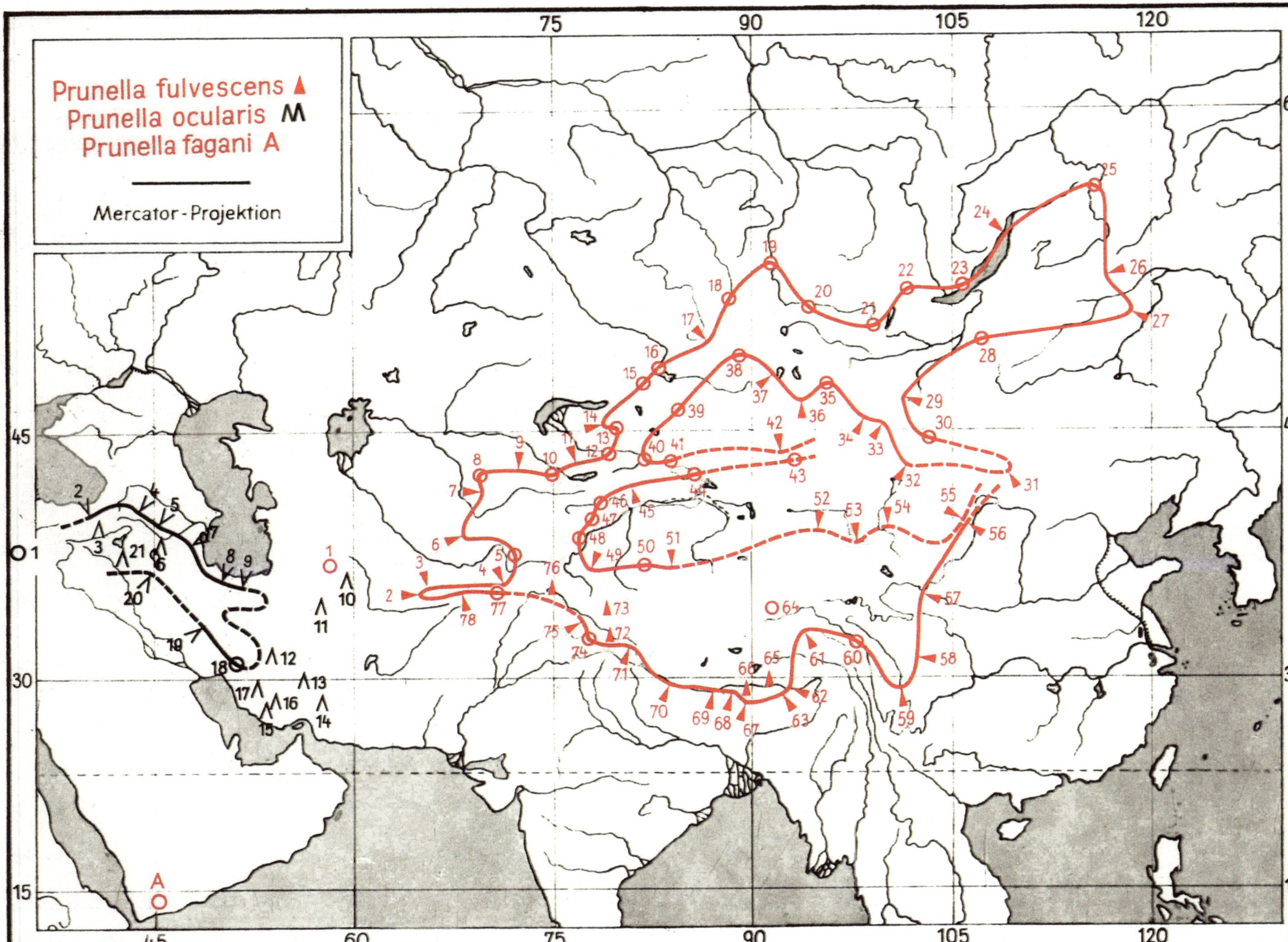
Prunella fulvescens ▲
Prunella ocularis Λ
Prunella fagani A
Mercator-Projektion

FUNDORTLISTE

für *Prunella fulvescens*

Nr.	Fundort		Quelle
1.	S Asilma-Dag (1mal)	As	ZARUDNYJ 1896
2.	Burchao-Paß (X.)		MARIEN 1951
3.	Safedsang (20.–25. IX.)		MARIEN 1951
4.	Munjan-Paß	AJ	MARIEN 1951
–	Sanglech	AJ	MARIEN 1951
5.	Mittellauf des Schach-Darja	Jc	MEKLENBURCEW 1936
–	Kala-i-wamar (4. IX.)		IVANOV 1940
6.	Iskander-kul	A	SUSHKIN 1925a
–	Anzob-Paß	As	KOZLOWA 1949
–	Abhänge d. Jazgubem-Gebirges	Bc	KISTJAKOWSKIJ 1950
7.	Kizyl-nur-Berge	A	SHELEZNJAKOW 1950
8.	Naturschutzgebiet Aksu-Dshabagly	Nc	KOWSCHARJ 1964
–	Pskem-Gebirge	AJ	KORELOW 1956a
9.	Sandyk	Aa	PORTENKO 1961
10.	Gebiet zw. den Flüssen Sokulek u. Issyk-Ata	B	KUZNECOW 1962
11.	Alma-Ata	Jc	STEGMANN 1954
–	Kurmenty	A	Coll. Zool. Inst. Leningrad (PORTENKO brfl. 1966)
12.	Südhang des mittl. Ketmenj-Gebirges	Bs	KORELOW 1956b
13.	Tyschkantau-Berge	Bc	ZARUDNYJ u. KOREJEW 1906
14.	Berge bei Kopal (29. VIII.)		Coll. Zool. Inst. Leningrad (PORTENKO brfl. 1966)
15.	Tarbagataj	Bs	CHACHLOW 1928
16.	Zaissan-nor	B	SUSHKIN 1925b
17.	SE Altai	AJ	SUSHKIN 1938
18.	Schapschalskij-Gebirge	AN	FOLITAREK u. DEMENTJEW 1938
19.	Borus-Berge	B	TUGARINOW 1915; Coll. Zool. Inst. Leningrad (PORTENKO brfl. 1966)
20.	Tannu-ola	As	Coll. Zool. Inst. Leningrad
–			(PORTENKO brfl. 1966)
21.	Schara-nuru-Berge	A	Coll. Zool. Inst. Leningrad (PORTENKO brfl. 1966)
–	Fluß Gumnyk (E Ufer d. Chubsugul)	A	BUTURLIN 1913
22.	Rayon Tunka (VIII.)	A	GAGINA 1960a
23.	Chamar-daban: Fluß Ubukun	A	Coll. Zool. Inst. Leningrad (PORTENKO brfl. 1966)
24.	Sosnowka	As	GAGINA 1960a
25.	Fluß Tschitkanda	A	GAGINA 1960b
–	Udokan	B	GAGINA 1965
26.	Nertschinsk	Bs	STEGMANN 1929; Coll. Zool. Inst. Leningrad (PORTENKO brfl. 1966)
27.	Stary Tsuruchaitui (IV.)		TACZANOWSKI 1874
28.	Chentej-Chan-nuru	J	Coll. Zool. Inst. Leningrad (PORTENKO brfl. 1966)
o	Mischik-gun	A	KOZLOWA 1930
29.	Cholt (SE Changai)		KOZLOWA 1930
–	Arc-bogd-ul (= Arzy-Bogdo)	J A	PIECHOCKI brfl. 1964
30.	Dundu-sajchan	A	PIECHOCKI brfl. 1964
31.	157 MeilenWNW Paotow (8. IV.)		RILEY 1930
32.	Torzo (Socho-nor; 13. III.)		BIANCHI 1916
33.	Iche-bogdo	B	KOZLOWA 1930
34.	Somon Sine-zinst (Transaltai-Gobi)	A	PIECHOCKI brfl. 1964
35.	Fluß Dzabchan (Rayon Narwantschikure)	J	Coll. Zool. Inst. Leningrad (PORTENKO brfl. 1966)
36.	Tonchil	Nc	TARASOW 1960
37.	Kara-Usu	A	Coll. Zool. Inst. Leningrad (PORTENKO brfl. 1966)
38.	Oberlauf des Kobdo	A	BIANCHI 1907
39.	Dshai-Gebirge	B	PLESKE 1889; KOZLOW 1899
40.	Kensu-Tal	A	LUDLOW u. KINNEAR 1933
41.	Chaidu-gol	Ac	PLESKE 1889
42.	Barkul (Winter)	c	PLESKE 1889
43.	Hami-Gebirge (III.)		LUDLOW u. KINNEAR 1933
44.	Khapsigai-Tal (30. IX.)		OUSTALET 1893
–	Kurghan	J	LUDLOW u. KINNEAR 1933
45.	Gez Defile (Jam; 15. IX.)		LUDLOW u. KINNEAR 1933
46.	S Ala-tau (I., II.)		ROTHSCHILD 1902
47.	Quellen des Kashgar-Darya	Ac	SEWERTZOW 1883
48.	Berge SW Jarkend	A	Coll. Zool. Inst. Leningrad (PORTENKO brfl. 1966)
49.	Shahid-ullah	A.	SCULLY 1876
50.	Keria-Kette (Winter)		PLESKE 1889
51.	Karasaj	Bs	KOZLOW 1899; Coll. Zool. Inst. Leningrad (PORTENKO brfl. 1966)
52.	Kuku-usu (= Blagodatnyj)	A	PORTENKO brfl. 1966
53.	Gurdu-Angir (= Gorban-orngyr-gol)	J	PORTENKO brfl. 1966
54.	Pjan-do-go	B	PLESKE 1892; Coll. Zool. Inst. Leningrad (PORTENKO brfl. 1966)
55.	Jamata (W Dynj-juanj-in)	A	BIANCHI 1916
56.	15 Meilen NW Ninghsia	A	RILEY 1930
57.	Tao-Tal bei Choni (II.)	c	BANGS u. PETERS 1928
58.	Cheto-Paß (W Tatsienlu)	A	RENSCH 1923
59.	Ku-lu (IV.)		BANGS 1932
–	Wu-shu	A	BANGS 1932
60.	Gebirge bei der Wasserscheide von Mekong u. Golubaja	J	BIANCHI 1907
61.	So (= Sok; 14. IV.)		OUSTALET 1893
–	Tromda (3. IV.)		LUDLOW 1944
62.	Le La	A	LUDLOW 1944
–	Loro Tö (27. X.)		LUDLOW 1944
63.	Dza La (Tsona)	A	LUDLOW u. KINNEAR 1937
64.	Fluß Murui-ussu (Winter)		PLESKE 1889
65.	Lhasa	Ac	LUDLOW 1950; SCHÄFER unveröffentl.
66.	Schigatse	A	SCHÄFER unveröffentl.
67.	Phari	B	LUDLOW 1928
68.	Khamba Jong (VIII., IX., X.)		WALTON 1906
69.	Kyishong	Ac	HINGSTON 1928
–	Nyenyam	A	KINNEAR 1922
70.	Jomosom (XII.)		RAND u. FLEMING 1957
71.	Sazi La (Gartok) o. D.		LUDLOW u. KINNEAR 1937
72.	Da (Tso Kuyun-Hanle)	A	MARIEN 1951
73.	Changchenmo	As	MEINERTZHAGEN 1927
74.	Lahul: Dartse (10. X.)		MARIEN 1951
75.	Kangi (Zaskar)	AJ	MARIEN 1951
76.	Haramosh (5. II.)		RICHMOND 1896
77.	Weran-Tal	J	PALUDAN 1959
78.	Bamian (13. IX.)	s	PALUDAN 1959

LITERATUR

ABDUSALJAMOW 1964 — Pticy gorn. Zerawschana. Duschanbe. 219.

BANGS 1932 — Publ. Field Mus. 314, Zool. Ser., 18/11, 359.

BANGS u. PETERS 1928 — Bull. Mus. comp. Zool. Harvard 68/7, 335.

BIANCHI 1907 — Aves exped. Kozlowi Mongol., Tibet. orient. St.-Pétersb. 87.

BIANCHI 1916 — Ann. Mus. Zool. Petrograd 20, 51.

BUTURLIN 1913 — J. Sect. Zool. Soc. Sci. Nat. (n. s.)1, 43.

CHACHLOW 1928 — Izw. Tomsk. Uniw. 81, 77.

FOLITAREK u. DEMENTJEW 1938 — Trav. rés. état Altai 1, 43.

GAGINA 1960a — Ornitologija 3, 223.

GAGINA 1960b — Izw. Irkutsk. Selsk. Inst. 18, 238.

GAGINA 1965 — Izw. Wost.-Sibir. Geogr. Ob. SSSR 64, 39.

HINGSTON 1928 — J. Bombay Nat. Hist. Soc. 32, 323.

IVANOV 1940 — Ois. Tadjikistan. Moscou—Leningrad. 272.

IWANOW 1969 — Pticy Pamiro-Alaja. Leningrad. 320—322.

KINNEAR 1922 — Ibis (11) 4, 509.

KISTJAKOWSKIJ 1950 — Trudy Zool. Muz. Kiiwsk. Uniw. 2, 43.

KORELOW 1956a — Prir. i chozj. usl. Bostandyka. Alma-Ata. 308.

KORELOW 1956b — Trudy Inst. Zool. Akad. Nauk Kazach. SSR 6, 109; 144.

KOWSCHARJ 1964 — Trudy Inst. Zool. Akad. Nauk Kazach. SSR 24, 138.

KOZLOW 1899 — Ann. Mus. Zool. St.-Pétersb. 4, 264; 274.

KOZLOWA 1930 — Pticy Zabajkalaja, Sew. Mongolii i centr. Gobi. Leningrad. 270.

KOZLOVA 1933 — Ibis (13) 3, 325.

KOZLOWA 1949 — Trudy Inst. Zool. Akad. Nauk SSSR 8, 750; 773.

KUZNECOW 1962 — Ornitologija 5, 240.

LUDLOW 1928 — Ibis (12) 4, 63.

LUDLOW 1944 — Ibis 86, 192.

LUDLOW 1950 — Ibis 92, 38.

LUDLOW u. KINNEAR 1933 — Ibis (13) 3, 465.

LUDLOW u. KINNEAR 1937 — Ibis (14) 1, 279.

MARIEN 1951 — Amer. Mus. Novit. 1482, 13—15.

MEINERTZHAGEN 1927 — Ibis (12) 3, 597.

MEKLENBURCEW 1936 — Acta Univ. Asiae Med. 8a, Zool. 22, 35.

OUSTALET 1893 — Nouv. Arch. Mus. Hist. nat. Paris (5) 4, 169.

PALUDAN 1959 — Vidensk. Medd. Dansk Nat. hist. Foren. 122, 186.

PLESKE 1889 — Aves Przewalskianae. St.-Pétersb. 2, 145.

PLESKE 1892 — Mélang. Biol. Bull. Acad. Sci. St.-Pétersb. 13, 293.

PORTENKO 1961 — Trudy Inst. Zool. Akad. Nauk Kazach. SSR 15, 127.

RAND u. FLEMING 1957 — Fieldiana: Zool. 41/1, 183.

RENSCH 1923 — Abh. Mus. Tierk. Völkerk. Dresden 16/2, 51.

RICHMOND 1896 — Proc. Unit. States Nat. Mus. 18, 490

RILEY 1930 — Proc. Unit. States Nat. Mus. 77, Art. 15, 29.

ROTHSCHILD 1902 — Novit. Zool. 9, 164.

SCHÄFER 1938 — J. Orn. 86 (S.h f,291.

SCHNITNIKOW 1949 — Pticy Semiretschja. Moskwa—Leningr. 568.

SCULLY 1876 — Stray Feathers 4, 112.

SEVERTZOW 1883 — Ibis (5) 1, 64.

SHELEZNJAKOW 1950 — Trudy Sredneaziat. Uniw., Ornitol. N. S., 13/4, 49.

STEGMANN 1929 — Ann. Mus. Zool. Leningrad 19, 236.

STEGMANN 1954 — Trudy Leningr. Ob. Jestest. 72/4, 274.

STRESEMANN 1928 — J. Orn. 76, 390.

STRESEMANN et al. 1937 — J. Orn. 85, 569.

SUSHKIN 1925a — Proc. Boston Soc. Nat. Hist. 38, 48—55.

SUSHKIN 1925b — List distribution birds Russ. Altai. Leningrad. 54—55.

SUSHKIN 1938 — Birds Soviet Altai. Moscow—Leningr. 2 224.

TACZANOWSKI 1874 — J. Orn. 22, 321.

TARASOW 1960 — Biol. Sborn. Irkutsk. 177.

TUGARINOW 1915 — Mess. Orn. 7, 62.

VAURIE 1959 — Birds palearct. Fauna. Passeriformes. London. 213.

WALTON 1906 — Ibis (8) 6, 84.

ZARUDNYJ 1896 — Mat. Fauna Flora Ross. 2, 150.

ZARUDNYJ u. KOREJEW 1906 — Mat. Fauna Flora Ross. 7, 227.

Briefliche Auskünfte erteilten:
DIESSELHORST (Nepal), PIECHOCKI (Mongolei)

Prunella fulvescens (Sewertzow)

Fahlbraunelle

Verwandtschaft und Gliederung

Prunella ocularis und *Prunella atrogularis* werden als nächstverwandt mit *fulvescens* angesehen (MARIEN 1951). Frühere Meinungen rechneten *ocularis* sogar als Unterart zu *fulvescens*, mußten aber revidiert werden, da *ocularis* in jeder Hinsicht mit ihrem geschlossenen, von *fulvescens* isolierten Areal, den Artrang verlangt (STRESEMANN 1928). *Prunella fulvescens* gliedert sich in vier Unterarten (VAURIE 1959): *P. fulvescens fulvescens* Sewertzow, *f. dresseri* Hartert (blasser als die Nominatform), *f. dahurica* Taczanowski (dunkelste Form), *f. nanshanica* Sushkin (der Nominatform ähnelnd, aber deutlichere Streifung und brauneren Scheitel). Die überaus differenzierte Einteilung SUSHKINS (1925) in 10 Unterarten (*fulvescens, juldussica, karlykensis, dresseri, nanshanica, mongolica, dahurica, hissarica, tibetana, khamensis*) setzte sich nicht durch, machte aber *fulvescens* zum morphologisch bestuntersuchten Mitglied der Braunellen-Gruppe.

Zur Verbreitung

Das Areal reicht vom nördlichen Afghanistan über den Himalaya und die zentralasiatischen Hochgebirge bis nach Transbaikalien, zur Mongolei und nach Tibet. Unbesiedelt blieben aus oekologischen Gründen nur die innerasiatischen Wüstengebiete (s. Kartenbild), da *fulvescens* eine Bewohnerin der hochalpinen Strauchregion ist.

Verbreitungskarte bei SCHNITNIKOW (1948).

Oekologie

Die Fahlbraunelle als typischer Buschfelsenvogel gehört der palaearktisch innerasiatischen Faunenregion an. So ist sie in ungefähr gleicher Höhe anzutreffen wie *Prunella montanella, rubeculoides, ocularis* und *modularis* und kann nach unten noch bis in das Gebiet von *P. strophiata* reichen, nach oben aber schon in das der Hochgebirgsbraunellen *collaris* und *himalayana*. Die vegetationsarmen unbewaldeten Felsgebiete sind die geeigneten Wohnstätten für diese Braunelle. Bevorzugte Aufenthaltsorte bieten die subalpinen Wiesen oberhalb der Baumgrenze, in denen verstreute größe Felsbrocken liegen, oder felsige Abhänge mit spärlichem Kraut- oder Strauchbewuchs, hauptsächlich aus Wacholder, Stechginster oder Berberitze (LUDLOW 1928). Im Pamir sind die Fahlbraunellen an den Hängen nahe bei Gebirgsflußquellen oder an Schneeschmelzwässern gefunden worden, wo sie in mit kleinen Sträuchern bewachsenen Geröllhalden auch brüten (IWANOW 1969). Unter gleichen Biotopverhältnissen leben die Fahlbraunellen auch in den kirgisischen Hochgebirgen; dort wechseln sie im Winter, da sie nur horizontal wandern, lediglich an die schneefreien Südhänge des Wacholdergürtels über. Nie treten sie dicht geschart auf, oft nur in kleinen Flügen von 6 bis 8 Exemplaren (KUZNECOW 1962). In Höhen von 2400—3500 m des Zerawshan fand auch ABDUSALJAMOW (1964) *fulvescens* in ihrer charakteristischen Umgebung: Felsige Abhänge mit spärlichem Strauchbewuchs, größtenteils aus Wacholder.

Da sich im ganzen Verbreitungsgebiet der Art eine verhältnismäßig gleichartig gestaltete Biotopzusammensetzung erkennen läßt, dürften die angeführten Beispiele einen ausreichenden Einblick in den Lebensraum der *Prunella fulvescens* vermittelt haben.

In der ersten Maihälfte belegen die Fahlbraunellen ihr Brutrevier, wo dann ab der zweiten Hälfte Mai das eigentliche Brutgeschäft beginnt und bis zum Juli andauern kann.

Das Nest wird, gewöhnlich gut getarnt, nur vom Weibchen gebaut und ist ein akkurat gefertigtes flaches Napfgebilde aus kleinen Zweigen und zarten Grasstengelchen, innen ausgelegt mit Wolle und feinem Moos, mitunter auch verfestigt durch eingeklebte Lehmklümpchen. Ein Nest aus Durgu vom 28. 5. war auf einem kleinen Strauch von *Potentilla fruticosa*, 30—35 cm über dem Boden angelegt (STRESEMANN et al. 1937). Im allgemeinen legt das Weibchen 3, seltener 4 Eier (LUDLOW 1928, IWANOW 1969). Gelegentliche Zweitbrut kann nach Zerstörung des ersten Nestes möglich sein. Nach IWANOW (l. c.) verlassen die Jungen nach zehn Tagen das Nest und beginnen mit der Mauser ins Herbstgefieder um den 26. Juli, größtenteils aber erst ab Anfang August.

Die Nahrung besteht bei diesen Braunellen hauptsächlich aus Insekten mit geringfügiger Beimischung von Unkräutersamen. ABDUSALJAMOW (l. c.) fand als Hauptbestandteile von Mägeninhalten Rüsselkäfer und verschiedene Wanzenarten neben Samenkörnern.

Wie schon erwähnt, sind die Fahlbraunellen keine Zugvögel, sondern streichen zur Herbst- und Winterzeit nur horizontal umher. Nach SCHÄFER (1938) suchen sie dann in Tibet vorrangig felsige Partien und Ödfelder sowie Schuttplätze vor Ortschaften auf, wo sie sich ziemlich vertraut verhalten.

Hauptsächlich die schneefreien, südexponierten Berghänge werden von *fulvescens* als Winteraufenthalt gewählt, was KOZLOWA (1933) auch für die Mongolei (Tola-Tal) vermerkte. Bei Lhasa fand LUDLOW (1950) Überwinterer häufig in allen Parks und Gärten von Herbst bis zum Frühjahr. Noch am 9. April stellte SCHNITNIKOW (l. c.) große Mengen Fahlbraunellen in den Gärten von Alma-Ata fest, während im nördlichen Semiretschje offenbar keine Überwinterung stattfindet.

FUNDORTLISTE

für *Prunella ocularis*

1. Ala Dagh-Gebirge ↓	Ns	GASTON 1968		8. Sardabrud-Tal	Js	NORTON 1958
2. Baibort	Js	WITHERBY 1907		— Pish Kuh-Gebirge	As	STRESEMANN 1928
3. Erzerum	Js	WITHERBY 1907, KUMERLOEVE 1968		9. Berg Demavend	Jc	WITHERBY 1910, BIANCHI 1905
4. Berg Alagez (= Aragac)	J	LAISTER u. SOSNIN 1942		— Lar-Tal	Js	MEIKLEJOHN 1948
5. Bazartschaj	A	LAISTER u. SOSNIN 1942		10. Berge Duschak (11. XI.)		DEMENTJEW 1952
— Martiros (Azizbekow)	J	LAISTER u. SOSNIN 1942		11. Kondor (5. X.)		MARIEN 1951
6. Urumis (Ordubad)	Ac	LAISTER u. SOSNIN 1942		12. Dehibala (Shir Kuh-Gebirge; 22. II.)		MARIEN 1951
7. Berg Küs-jurdi	As	RADDE 1884				

13.	Pushte (Kirman; 16. I.)		MARIEN 1951
14.	Deh Bakri (30. I.)		MARIEN 1951
–	Khatumabad (30. I.)		MARIEN 1951
15.	Jahrum (20. III.)	A	MARIEN 1951
16.	Niriz (29. III.)	A	MARIEN 1951
17.	Persepolis (11. III.)	A	MARIEN 1951
18.	Gebirge Kuh-i-Dinar	As	WITHERBY 1903
o	Ardal	As	WITHERBY 1907
19.	Gahar (Chamchid)	A	MARIEN 1951
–	Durud (= Dow Rud)	A	MARIEN 1951
20.	Kelischinskij-Paß	J	Coll. Zool. Inst. Leningrad (PORTENKO brfl. 1969)
21.	Zwischen Van u. Çatak	A	KUMERLOEVE 1967

FUNDORTLISTE

für *Prunella fagani*

A	Yemen	B MEINERTZHAGEN 1954

Anmerkung

Zu P. 1:

Nach dem „Bird Report 1966/67" der „Orn. Soc. Turkey" von 1969 (fide WARNCKE 1971) sind im „Main Taurus" 2 Nester von *ocularis* bei 2300–2500 m Höhe gefunden worden (Zusatz nach Red.-Schluß der Karte).

LITERATUR

für *Prunella ocularis* und *Prunella fagani*

BIANCHI 1905 — Ann. Mus. Zool. St.-Pétersb. 9, 132.
DEMENTJEW 1952 — Pticy Turkmenistana. Aschchabad. 99.
FEENY et al. 1968 — Ibis 110, 82.
GASTON 1968 — Ibis 110, 19.
HARTERT 1910 — Vögel paläarkt. Fauna. Berlin. 1, 770.
KUMERLOEVE 1967 — Rev. Fac. Sci. Univ. Istanbul, Serie B, 32/3–4, 138.
LAISTER u. SOSNIN 1942 — Ornis Armeniaca. Erewan. 374.
MARIEN 1951 — Amer. Mus. Novit. 1482, 11.
MEIKLEJOHN 1948 — Ibis 90, 83.
MEINERTZHAGEN 1954 — Birds Arabia. Edinburgh–London. 271.
NORTON 1958 — Ibis 100, 187.
RADDE 1884 — Ornis Caucas. Kassel. 245.
STRESEMANN 1928 — J. Orn. 76, 390.
SUSCHKIN 1914 — Mess. Orn. 5, 24.
VAURIE 1955 — Amer. Mus. Novit. 1751/16, 21.
WARNCKE 1971 — Vogelwelt 92, 21.
WITHERBY 1903 — Ibis (8) 3, 544.
WITHERBY 1907 — Ibis (9) 1, 88.
WITHERBY 1910 — Ibis (9) 4, 503.

Prunella ocularis Radde

Buntbraunelle

Verwandtschaft

Der nicht subspezifisch gegliederten *Prunella ocularis*, einst als Unterart von *Prunella fulvescens* betrachtet, wurde erstmals von SUSHKIN (1925) der Artrang zugesprochen. Schon HARTERT (1910) bemerkte anhand der ausgeprägten Gefiederabweichungen von *fulvescens*: „Diese Form wurde sehr leichtfertigerweise für identisch mit *P. fulvescens* gehalten." STRESEMANN (1928), der sie in Anlehnung an SUSHKIN auch als eigene Art behandelte, wies darauf hin, daß sich nämlich in *ocularis* Merkmale sowohl von *fulvescens* als auch von *atrogularis* zu vereinigen scheinen. Nach eingehenden Untersuchungen gelangte MARIEN (1951) zu dem Schluß, daß *ocularis* morphologisch näher mit *atrogularis* als mit *fulvescens* verwandt sei.

Vergleich von *Prunella fulvescens*, *P. ocularis* und *P. atrogularis* (nach MARIEN 1951)

Kennzeichen	Art		
	fulvescens	*ocularis*	*atrogularis*
Überaugenstreif	weiß/blaß lederfarben	weiß	ocker-lederfarben
Kehle	weiß/blaß lederfarben	weiß, mit Braun gefleckt	dunkelbraun
Unterseite	lederfarben, bis Bauch und Flanken	lederfarben, beschränkt auf Brust und Flanken	lederfarben, beschränkt auf Brust und Flanken
Flanken	im wesentlichen ungestreift	undeutlich gestreift	undeutlich gestreift
Rücken	blaß, undeutlich gestreift	dunkel, deutlich gestreift	dunkel, deutlich gestreift
Scheitel	fast gleichfarbig mit dem Rücken, ungestreift	deutlich dunkler als der Rücken, klar abgegrenzt vom Rücken, ungestreift	leicht dunkler als der Rücken, gestreift im frischen Gefieder

Zur Verbreitung

P. ocularis ist Brutvogel der alpinen Zone in Transkaukasien und Armenien, Nordwest- und Nordiran, Nordchorasan und Südwest-Transkaspien, West-Zagross. Überwintert in Mittel-Iran (Yezd) und Südost-Iran (Kirman).

Oekologie

Im gesamten Verbreitungsgebiet bewohnt *ocularis* die Strauchgestrüppzone der alpinen Region, meidet aber im Gegensatz zu *P. fulvescens* die kahlen Felsenhänge und öden Blockfelder ohne deckenden Bewuchs. So trifft man sie im Kaukasus an steilen abfallenden Hängen, die mit dichtem Wacholdergesträuch bedeckt sind, an, sieht sie aber höchst selten einmal in hervorragendem Geäst, das ihr keinen ausreichenden Schutz bieten kann (SUSHKIN 1914). Im gebirgigen Teil Armeniens brüten diese Braunellen bis hinauf zur Grenze des ewigen Schnees und scheinen für die Steinfelder dieser Zone nicht weniger charakteristisch zu sein als die dort auch heimische *P. collaris montana*. LAISTER u. SOSNIN (1942) teilen eine Beobachtung vom 31. Juli aus Bazartschoj bei 2750 m mit, offenbar auch im Wacholdergürtel gelegen.

Gehäuft scheint diese Braunelle nie aufzutreten. NORTON (1958) betonte, sie sehr selten im Elburs-Gebiet (Nord-Persien) beobachtet zu haben. Die beiden von ihm gefundenen Nester, eines bei 11000 ft. im Sardabrud-Tal vom 7. August, das andere in der Nähe eines Flusses bei Sefid Ab in 9300 ft. Höhe, waren im saftigen Unterholz angelegt. Eine Einzelbeobachtung HEINRICHS (STRESEMANN 1928) vom 24. Mai im Hochgebirge von Gilan und nur ein Exemplar vom 8. Mai bei Erzerum (1950 m; KUMERLOEVE 1967) unterstützen diese Annahme.

Angaben über die genaue Dauer der Brutzeit sind nicht zu ermitteln gewesen. Am 28. Mai sah WITHERBY (1903) bei Kuh-i-Dinar (Fars; 9500 ft.) ein Paar, das sich auf einem Schneefleck aufhielt: „They shuffled along in the snow with half-closed wings, much as a Hedge-Sparrow does along the bottom of a hedge.“ Stark vergrößerte Ovarien können bei diesen beiden Stücken auf Brut deuten. — Ein Paar vom Lar-Tal bei 9000 ft. fütterte bereits am 9. Juni ein vollflügges Junges (MEIKLEJOHN 1948), während GASTON (1968) erst am 27. und 28. Juni im Ala Dagh-Gebirge (Türkei) zwei Nester entdeckte. Sie waren am Grund einer niedrigen Berberitze aus Würzelchen und Zweigchen gebaut, ausgelegt mit Tierhaaren und den Pappushaaren verschiedener Kompositen.

Der Gesang ähnelt dem der Heckenbraunelle und wird mitunter von einer Singwarte aus vorgetragen. Er ist „sweet and gentle, with more character in it than that of the Dunnock“ (MEIKLEJOHN l. c.).

Winterexemplare sind bekannt aus Luristan (Februar, März, April, Oktober, November); Bakhtiari (Februar); Fars (März); Kirman (Januar, Februar); Yezd (Februar); Nord-Iran (Oktober, Dezember) (MARIEN 1951). —FENNY et al. (1968) haben ein offenbar ziehendes Stück am 27. August bei Imamzadek (südliches Kaspisches Meer) beobachtet.

E. v. V.

Prunella fagani (Ogilvie-Grant)

Jemen-Braunelle

Nächstverwandt mit *Prunella ocularis, fulvescens, atrogularis*. Entgegen Ansichten, *fagani* als Unterart einer dieser Arten zu betrachten, hält VAURIE (1955) sie für eine eigene Art, die sich nach geographischer Trennung vom ursprünglichen asiatischen Braunellen-Areal (z. B. rund 2000 km von dem von *ocularis* entfernt) herausgebildet hat (s. Karte *Prunella ocularis*).

Als Standvogel nur bekannt aus dem gebirgigen Jemen, von Menakka bei Taiz, in Höhen bis zu 200 m. Außer einem Februar-Fund bei Habil (Aden), der auf Horizontalwanderung (MEINERTZHAGEN 1954) schließen läßt, liegen uns keine weiteren Angaben vor.

E. v. V.

VI

1977

Falco concolor Temminck

bearbeitet von

K. WUNDERLICH

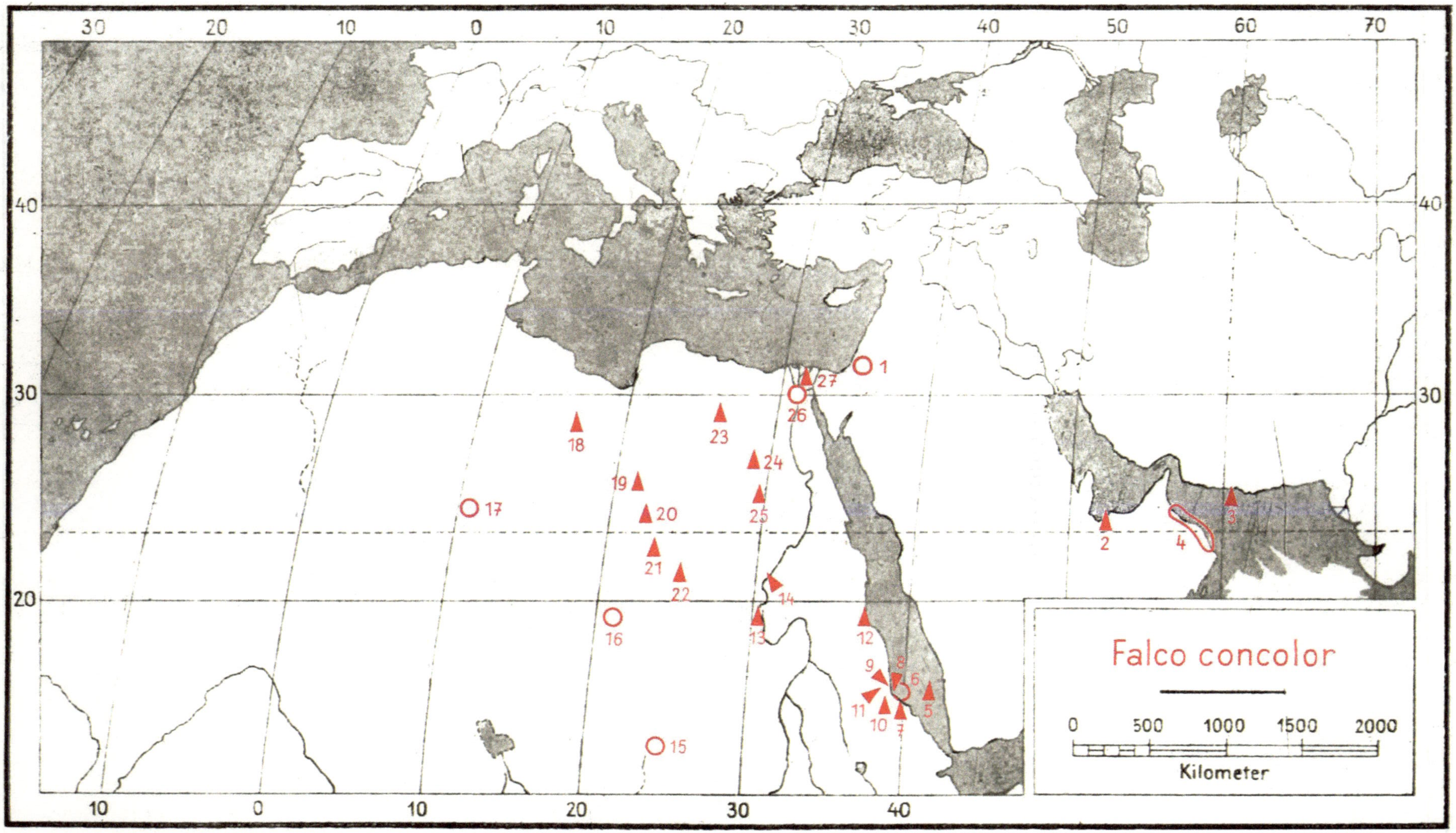
Falco concolor
0 500 1000 1500 2000
Kilometer

FUNDORTLISTE

	Fundort		Quelle
1.	Dead Sea Depression ↓	B	Vaurie 1965
–	Sodom (= Sedom)	N	Mendelssohn (brfl. 1975)
2.	Yas ↓	Bs	Moreau 1969
3.	Charbar	A	Ticehurst 1927, Moreau 1969
4.	Oman-Küste zwischen Sohar u. Sur	A	Moreau 1969
–	Fahl	As	Moreau 1969
–	Suadi	As	Moreau 1969
–	Muscat	B	Meyer de Schauensee u. Ripley 1953
5.	Insel Kotunbul (Farasan-Gruppe)	Na	Congreve 1961
6.	Dahlac-Inseln	Ba	Smith 1951; Clapham 1964
–	Harat	Bs	Clapham 1964
–	Isratu	Ba	Clapham 1964
–	Wusta	Ba	Clapham 1964
–	Wusta Islet	Bs	Clapham 1964
–	Seil Wusta	Bs	Clapham 1964
–	Azghar	Ba	Clapham 1964
–	Adasi	Ba	Clapham 1964
–	Seil Adasi	Bs	Clapham 1964
–	Sarad	Ba	Clapham 1964
–	Seil Sarad	Bs	Clapham 1964
–	Enteraia	Bs	Clapham 1964
–	Seil Nocra	Bs	Clapham 1964
–	Kundabilu	Bs	Clapham 1964
7.	Dissie-Insel	A	Smith 1957
8.	Maussaua (= Massawa)	A	Reichenow 1900–1901
9.	Lebka-Fluß	A	Reichenow 1900–1901
10.	Cheren (= Keren)	A	Smith 1957
11.	Anseba-Fluß	A	Smith 1957
12.	Port Sudan	B	Cave u. Macdonald 1955; Vaurie 1965; Moreau 1969
–	N Port Sudan	B	Tregenza 1951
13.	Dongola	B	Vaurie 1965, Moreau 1969
14.	Ambukol (= Ambugol)	A	Reichenow 1900–1901
15.	Darfur	B	Vaurie 1965; Moreau 1969
16.	Region von Wanyana auf 19° N	Bs	Booth 1961
17.	Ghat-Region	A	Heim de Balsac u. Mayaud 1962
18.	El Fogha (Tripolitanien)	Bs	Heim de Balsac u. Mayaud 1962
19.	Südrand „of the Calanscio Serir" bei 26° N	BN	Booth 1961
20.	Oase Kufra	A	Hartert 1935
–	W Oase Kufra	B	Heim de Balsac u. Mayaud 1962
		A	Cramp u. Conder 1970
21.	160 Meilen nördlich Sarra bei 22° 30′ N	B	Booth 1961
22.	bei Jebel Uweinat	A	Booth 1961
23.	S Siwa	Bs	Moreau 1969
24.	Oase Farafa	B	Booth 1961
		Bs	Heim de Balsac u. Mayaud 1962
25.	Oase Dakhla	B	Hartert 1935, Heim de Balsac u. Mayaud 1962
26.	Umgegend von Kairo	As	Hartert 1921–22
–	Maadi	B	Meinertzhagen 1930
–	Giza	A	Meinertzhagen 1930
–	Heluan	A	Meinertzhagen 1930
–	Moggadam-Hügel	A	Hartert 1921–22
27.	bei Damiette	A	Hartert 1921–22
28.	Safaga	As	Bulman 1944

Anmerkungen

Zu P. 1:

Mendelssohn (brfl. 1975) nennt *F. concolor* einen sehr seltenen Vogel in Israel. Ein Paar brüte regelmäßig in den Salzklippen der Sodom-Hügel. „I saw them there for the first time 1938 and the site is still occupied. Another pair nested apparently in the cannyon of En Avedat, about 40 km south of Be'er Sheva. Possibly there may be additional pairs nesting in the Negev, or perhaps in Sinai, that have not yet been found."

Zu P. 2:

Stanford sah 2 Paare auf Yas Island im Juni 1968, hatte aber nicht die Zeit zu sehen „if they were nesting". Das Datum dürfte vor dem Beginn der Brutzeit liegen. Moreau (1969) schreibt dazu „. . . we now have evidence for the Sooty Falcon in the Persian Gulf, where suitable breeding sites are probably in numbers".

LITERATUR

Booth 1961 — Ibis 103a, 129–131.

Borg 1970 — Il-Merill 3, 10–11.

Bulman 1944 — Ibis 86, 483.

Cave u. Macdonald 1955 — Birds Sudan. Edinburgh–London. 90.

Clancey 1970 — Ostrich 41, 261–262.

Clapham 1964 — Ibis 106, 380–384.

Congreve 1961 — Ibis 103a, 472.

Cramp u. Conder 1970 — Ibis 112, 263.

Hartert 1921–1922 — Vögel paläarkt. Fauna. Berlin, 2, 1070.

Hartert u. Steinbacher 1935 — Vögel paläarkt. Fauna. Berlin. Erg.-Bd. 4, 403.

Heim de Balsac u. Mayaud 1962 — Oiseaux Nord-Ouest Afrique. Paris. 57.

v. Heuglin 1869 — Ornithologie Nordost-Afrikas. Cassel. 1, 32–33.

Meinertzhagen 1930 — Nicoll's birds Egypt. London. 3. 374.

Meyer de Schauensee u. Ripley 1953 — Proc. Acad. Nat. Sci. Philadelphia. 105, 76.

Moreau 1966 — Bird faunas Africa and its Isl. New York–London. 66–68, 339.

Moreau 1969 — Bull. Brit. Orn. Cl. 89, 62–67.

Reichenow 1900–1901 — Vögel Afrikas. Neudamm. 1. 629–630.

Salvan 1931 — Alauda 39, 40–41.

Schüz 1969 — Vogelwarte 25, 164.

Smith 1951 — Ibis 93, 232.

Smith 1957 — Ibis 99, 18.

Stresemann 1955 — J. Orn. 96, 122–123.

Sultana et al. 1975 — Birds Malta. Malta. 44.

Thiede 1967 — J. Orn. 108, 256.

Ticehurst 1927 — J. Bombay Nat. Hist. Soc. 32, 71.

Tregenza 1951 — Zool. Soc. Egypt. Bull. 9, 1–18

Vaurie 1965 — Birds palearct. Fauna. Non-Passeriformes. London. 227

Briefliche Auskunft erteilte Mendelssohn (Israel).

Falco concolor Temminck

Schieferfalk

Zur Verbreitung

MOREAU (1969) empfahl, nach *F. concolor* vom Toten Meer und von der Ostküste des Roten Meeres bis nach Belutschistan Ausschau zu halten. Die Art brüte zerstreut von etwa 25 °N, 10 °E in der Libyschen Wüste, über die Umgebung Kairos und östlich nach Palästina, südlich bis zum Golf von Aden und möglicherweise Nord-Tschad. Es gibt seriöse Anhaltspunkte dafür, daß das Areal noch 1000 bis 1500 Meilen weiter nach Osten reicht (Persischer Golf, Oman- und Mekran-Küste), womöglich also die Südküste und eventuell das Innere der arabischen Halbinsel einschließt. MOREAU betont (l. c.), daß man die Art darüberhinaus auch an der nordsomalischen Küste erwarten dürfe.

Insgesamt gesehen ist der Verbreitungsstatus dieses Falken noch wenig dokumentiert; insofern schien uns eine exakte Begrenzung des Areals verfrüht: Das Publizieren weiterer Fundorte — speziell östlich des Roten Meeres — bleibt dringend erwünscht. Inzwischen wurde *F. concolor* mehrmals für Malta nachgewiesen (BORG 1970, SULTANA et al. 1975).

Die anscheinend größte Konzentration von Brutvögeln wurde aus dem südlichen Roten Meer bekannt; CLAPHAM konnte 1962 im Dahlac-Archipel 12 bis dahin unbekannte Brutplätze namhaft machen, an denen er im August und September rund 170 Paare antraf. Die Koralleninseln des Roten Meeres stellen nach Meinung dieses Autors überhaupt das Zentrum des Brutgebietes von *F. concolor* dar.

Eine subspezifische Gliederung der Art ist bislang nicht erkennbar, Verwechslung mit ziehenden *F. eleonorae* ist nach STRESEMANN (1955) unwahrscheinlich; *F. concolor* sei nicht nur meist kleiner als dieser, sondern habe auch einen relativ kürzeren Schwanz.

Oekologie

MOREAU (1969) typisiert das aride Brutmilieu wie folgt: 1. Inseln; 2. tief zerfurchte, hügelige Wüste wie zwischen Nil, Rotem Meer und nordöstlichem Sudan mit einer Fläche von 100000 Quadratmeilen (z. Vgl. 93000 Quadratmeilen für Großbritannien); 3. ein Gebiet von 1000000 Quadratmeilen westlich des Nils mit weit zerstreuten Brutplätzen — soweit aufragende Felsen und Steilabstürze vorhanden. CLAPHAM (1964) charakterisierte den Vogel als Bewohner der ödesten Gegenden; die einzige Dahlac-Insel, auf der er ihn nicht antraf, war zugleich die grünste und fruchtbarste des Archipels. BOOTH (1961) fand ihn in der Libyschen Wüste auf die unregelmäßigen Hügel und Böschungen an den Südrändern der Sandmeere und auf einzelne Felsen in weiter südlich gelegenen Wüstenpartien beschränkt. CLAPHAM (1964) fand Nischen in Korallenklippen, am liebsten in Meeresnähe, als Neststandort bevorzugt. Falls solche nicht existierten, wurden sehr niedrige Klippen bezogen. Notfalls — Ausdruck der von MOREAU (1969) beim Vergleich mit *F. eleonorae* beobachteten ungleich größeren Variabilität bei der Wahl des Neststandorts — brütete der Vogel unter kaktusähnlichen *Euphorbia*-Büschen. Schutz nach oben (Abgeschirmtsein gegen Sonne, evtl. auch gegen räuberische Greife und Möwen) scheint Voraussetzung für die Brutplatzwahl zu sein. Das Nest ist in der Regel eine Mulde im Sand; Nistmaterial (dürre Reiser etc.) wurde selten angetroffen. Die Gelege umfassen gewöhnlich 2—3, gelegentlich 4 in Größe und Farbe denen von *F. tinnunculus* ähnliche Eier (vgl. v. HEUGLIN 1869). Zur Bebrütungsdauer etc. waren keine Angaben zu erlangen. Selbst auf Isratu vermochte CLAPHAM (1964) bei etwa 100 Brutpaaren kein Koloniebrüten festzustellen; deutliche Abstände von 40—50 Yards waren zwischen den Nestern gehalten worden. Auf kleinen Inseln (Kundabilu u. Wusta) hatten jeweils 3 Paare entgegengesetzte Winkel inne. Betonte Nestterritorien wurden beobachtet, auf Störungen wurde nicht sozial reagiert, Gruppenjagd wie bei *F. eleonorae* nicht gezeigt.

Neben *F. eleonorae* ist *F. concolor* der zweite südwestpaläarktische Falke, der nach der Sommersonnenwende brütet (Juli bis September). Dies dient dem Ausnutzen des temporären Nahrungsüberflusses, den der Strom der herbstlichen Wanderer aus Europa und Asien in die afrikanischen Tropen lenkt. Von Oktober bis April weilt der Vogel im madagassischen Raum, in dem er weitgehend insektivor ist. MOREAU (1966) postuliert, daß *F. eleonorae* und *F. concolor* Madagaskar gegenüber dem Kontinent wohl nicht bevorzugen würden, wenn sie sich in diesem versorgen könnten. Hierin stimmten sie nicht nur mit den ansässigen Falken, sondern auch mit einer großen Zahl überwinternder *F. naumanni, subbuteo, vespertinus* und *amurensis* überein.

Die Jungenaufzucht fällt mit dem Höhepunkt des Herbstzuges zusammen. Das sonstige Insekten- und Säugerangebot ist zu gering, um allein die Falken zu erhalten. BOOTH (1961) und andere Autoren registrierten Jagdflüge überwiegend in der Morgen- und Abenddämmerung — der Zug der Beutevögel ist dann besonders rege. Deren Reste wurden gehäuft an isolierten Gesteinsansammlungen und felsigen Riffen gefunden, die schattenspendende Ruhepunkte für Zieher abgeben. Im Süden des Areals scheinen eher größere Zügler erbeutet zu werden; CLAPHAM (1964) vermutet anhand von Federresten an Rupfplätzen und Nestern auf den Dahlacs, daß *Merops superciliosus, M. apiaster, Upupa epops* und *Oriolus oriolus* dort den Löwenanteil an den geschlagenen Vögeln ausmachen.

MOREAU (1969) konstatiert insgesamt einen größeren Eingriff in den Vogelzug durch *F. concolor* als durch *F. eleonorae*; jene Art sei augenscheinlich individuenreicher als diese, insofern und infolge der größeren Nahrungsvögel im Südareal sei auch die erbeutete Biomasse größer.

Die rasch schmaler werdende Ernährungsbasis am Ende der Zugzeit bedingt dann eine Art postnuptiale Zerstreuung der Vögel.

Wanderungen

Teilzieher. Nach MOREAU (1969) überwintert *F. concolor* im östlichen Afrika vom Äquator bis 30 °S, landeinwärts möglicherweise bis zum Victoria-See. SCHÜZ (1969) erwähnt die Art von Madagaskar als gewöhnlich. Nach SALVAN (1971) verweilt sie dort von Oktober bis Mai. CLANCEY (1970) erbrachte den Erstnachweis für Natal. Erhebungen BENSONS (in MOREAU 1969) machen Überwinterung in Kenia wahrscheinlich.

Wandernd wird *F. concolor* für das Rote Meer und die Somali-Küste, zum zweitenmal auch für Zypern (23. 4. 1963 – vgl. THIEDE 1967) genannt.

Daß nicht alle Schieferfalken bei Winteranbruch ihr Brutgebiet räumen, erwiesen ENNIONS Januar-Beobachtungen an der Oman-Küste (s. MOREAU 1969). Dies dürfte jedoch nur einen kleinen Teil der Gesamtpopulation betreffen.

Bei Fragen zur Produktsicherheit wenden Sie sich bitte an:
If you have any questions regarding product safety,
please contact:

Walter de Gruyter GmbH
Genthiner Straße 13
10785 Berlin
productsafety@degruyterbrill.com